智能无人中英厨房的研究及实践

周欢伟　著

ZHINENG WUREN
ZHONGYANG CHUFANG DE
YANJIU JI SHIJIAN

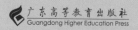

广东高等教育出版社
Guangdong Higher Education Press
·广州·

图书在版编目（CIP）数据

智能无人中央厨房的研究及实践/周欢伟著. —广州：广东高等教育出版社，2020.11

ISBN 978 - 7 - 5361 - 6781 - 0

Ⅰ. ①智… Ⅱ. ①周… Ⅲ. ①智能技术 - 应用 - 厨房 - 研究 Ⅳ. ①TS972.26

中国版本图书馆 CIP 数据核字（2020）第 104051 号

出版发行	广东高等教育出版社
	地址：广州市天河区林和西横路
	邮政编码：510500 电话：（020）87554153
	http://www.gdgjs.com.cn
印　　刷	广州市穗彩印务有限公司
开　　本	890 毫米×1 240 毫米 1/32
印　　张	8
字　　数	200 千
版　　次	2020 年 11 月第 1 版
印　　次	2020 年 11 月第 1 次印刷
定　　价	48.00 元

序

党的十八大以来，习近平总书记多次就食品安全工作做出指示，提出用 4 个"最严"抓好食品药品安全，即"最严谨的标准、最严格的监管、最严厉的处罚、最严肃的问责"。2017 年"两会"政府工作报告也明确提出："坚决把好人民群众饮食用药安全的每一道关口。"自 1952 年出版《食物成分表》，并先后颁发《中华人民共和国食品卫生法》《中华人民共和国食品安全法》。目前普通餐饮一般是现场进行初加工，客人点菜后现烹制现出售，靠师傅个人掌握火候，控制原料配比。由于主观因素的影响，制出的菜肴从原料规格到色香味都有差异，甚至同一师傅在不同时间制出的菜肴也有质量差别。因此需要中央厨房进行加工，使餐饮达到标准化、统一化，形成中餐工业化的产业链。

市场上的中央厨房，由于中央厨房是集成不同厂商的设备，各设备间无系统作为保障，故自动化程度低。有的中央厨房生产餐饮时，没有洁净度的要求，地面积留大量的水渍，滋生了大量的细菌，致使环境不达标，造成食品安全得不到保障。另外，还存在大量的工艺流程，如洗菜、切菜、包装等环节，管理制度不健全、工艺流程不畅通，导致成本较高、生产效率低下。故亟须建立智能无人中央厨房，满足人民日益增长的食品安全需求，保证广大人民群众吃得放心、安心。

周欢伟博士的《智能无人中央厨房的研究及实践》，既有关于行业现状的概述，又对设备及系统集成和布局进行了探索，对关键技术进行了翔实的研究，包括热回收系统布局、超高压保鲜米饭的除尘和定量分装技术、减压冷却技术等。通过采用系统集成技术，将信息系统、监控系统、控制系统联合起来，利用智能制造技术，将农业产品直接搬入厨房，采用工业化的手段实现高洁净度的烹饪，使直接顾客获得卫生、营养、新鲜的便捷餐饮。

该研究共有三个创新点：（1）从中央厨房的基础建设到智能化设备的操作，集成整体车间的控制系统，最后实现全自动化生产，通过建立中央厨房信息云平台，使餐饮的数据源可追溯。(2) 通过集成各优秀供应商的智能化设备和系统，结合自身的专业优势，特别是超高压保鲜米饭生产技术、热能回收技术、MAP 高速冷却技术等，融入机械手和机器人，使中央厨房能实现全过程智能化、全自动生产。(3) 中央厨房是在最高为 10 万级的洁净空间下完成的，保证了餐饮的制作过程卫生，通过与农工商全产业链的合作，较好地满足了人民群众对餐饮质量的要求，为获得精细、新鲜、口感好的餐饮提供了基础保障。

该书对中央厨房的整体建设有较深的研究，是目前我国为数不多的全面阐述中央厨房建设的书籍。该书涵盖了部分设备关键技术的研究成果，对关键理论和模型提出创新性的见解。除了设备和系统集成外，还阐述了一线实践总结出的基础建设、内部装饰、食品安全检测等经验数据和做法，为中央厨房的实际实施提供了直接指导。另外，将机械手、机器人引入中央厨房，实现中央厨房的智能无人操作，大大减少了人力投入，保障了中央厨房的稳定运行，对后期研究和实践中央厨房的学者有着系统的指导意义，为我国中央厨房建设成熟发展发挥着推动作用。

研究主要面向中央厨房的建设者，以及对中央厨房整体解决方案有研究、学习的兴趣之士，为他们的学习、工作、研究提供了基础的参考资料。

李克天

2020 年 5 月 20 日

前　言

　　随着人们生活节奏的加快和对生活品质要求的提高，人们对食品的卫生、营养和新鲜度的要求也越来越高。中央厨房的使用降低了食品安全风险，形成集约化、标准化的操作模式，实现集中规模采购、安全生产的综合系统工程，存在较大的发展空间。

　　本书主要分析国内外中央厨房的建设情况，全书共分为10章。首先，研究中央厨房的整体布局，从基础建设开始，探索了不同功能区域的基础建设要求，分析中央厨房内部装饰的设计规范，完成中央厨房运营效果的建设。其次，探索中央厨房所需要的不同设备、机械手和机器人的工作原理、特点和参数等，研究实现中央厨房智能无人化操作的集成系统，完成中央厨房的设备和系统集成。再次，研究中央厨房的食品安全检测的布局和建设，分析设备、地面等的清洗及内部细菌和鼠蟑的防治等措施，探索中央厨房食品安全检测的基本方法和工艺流程，为中央厨房的食品安全提供保障。最后，研究中央厨房的参观路线布局和工程施工建设方案，为后期中央厨房长效运营及售后服务提供保障。

第一章"中央厨房的简介"：通过分析中央厨房的建设目的和意义，探索中央厨房的研究现状，提出了目前中央厨房存在的主要问题，包括整体布局、基础建设、内部装饰、设备和系统集成、食品安全等方面。通过对比全国中央厨房的建设现状，说明本著作研究的中央厨房的特点，并指出中央厨房的设计规范。通过提炼中央厨房的技术特色，并分析中央厨房建设过程中应该遵行的法律法规，为建设合格安全的智能无人中央厨房提供资料参考。

第二章"中央厨房的整体布局"：通过分析中央厨房的布局原则及注意事项，探索中央厨房分别按工艺流程布局、餐饮品种布局、洁净度布局的解决方案，获得中央厨房总体布局图。

第三章"中央厨房的基础建设"：通过将中央厨房的功能分为原料贮藏区域、食品加工区域、成品冷贮藏区域、发货区域、热回收处理区域、洁净水处理区域、工具贮藏区域、大型电机安装区域、参观区域、接待区域、员工通道、消防通道等，研究中央厨房的选址要求。根据不同区域，制定不同的设计原则，包括天花板、地坪、地漏、墙面及墙角、门与窗、防爆、热回收系统、供水系统、仓库等的建设和布局细则。重点针对热回收系统进行研究和布局，将中央厨房在餐饮熟化、冷库制冷、空调制冷时产生大量的热进行有效的回收，提高能源使用效率。

第四章"中央厨房的内部装饰"：分析国家对中央厨房的相关法律法规和标准，研究通排风设计、恒温设计、洁净度设计、消防设计、冷库设计、给水及排水设计等，获得中央厨房的内部装饰方案。

第五章"餐饮加工设备的集成"：中央厨房需要大量的餐饮

加工设备作为保障，包括食品清洗加工设备、切削加工设备、熟化设备、米饭设备、面点设备、排油烟设备、冷却设备、包装设备、机械手和机器人等，主要用于食品原材料的初加工、熟化加工、冷却处理、食品分装、食品包装等区域，使中央厨房的设备系统更安全。通过对米饭设备的研究，探索利用超高压的方式进行熟化工艺流程，包括大米的清洁、加米、加水、蒸煮等，从而获得洁净可长期保鲜的米饭。又研究了调整冷却机的基本原理，特别是通过减压冷却的核心技术，对比分析了与自然冷却的根本区别，获得了可靠高质的冷却技术。

第六章"智能无人化系统集成"：中央厨房需要有一套完整的中央控制平台控制中央厨房的整体操作，包括安全报警系统、在线卫生检测系统、中央空间温度控制系统、湿度控制系统、洁净度检测系统、整厂监控系统、食品异物检测系统、物料管理系统等。通过中央控制平台管控中央厨房的现场，特别是设备的在线检测、人员的操作规范及安全、食品安全操作细节、物料管控流程、食品材料全程跟踪信息等，使食品在操作过程中有监控、食品全程信息可追溯，保证中央厨房生产餐饮时安全、高效，生产的餐饮营养、卫生。

第七章"食品安全检测"：大型中央厨房食品安全溯源检测系统建设是发现食品安全问题和做好食品安全管理的重要手段，为了保障餐饮从原材料到生产、从包装到运输过程安全可靠，对重点工序和重点区域进行食品安全检测，探索常规检测方法，包括原料农残物检测、金属异物检测等，研究食品安全检测工艺流程，保障食品的安全性。

第八章"清洁与卫生"：智能无人中央厨房是利用智能化设备，配合机械手和机器人等，但也需要大量的人员和其他辅助设备进行中央厨房的清洁。中央厨房的清洁与卫生包括人员清洁卫生、设备消毒、地面清洁卫生、蚊虫防治、细菌防治、鼠及蟑螂防治等，探索保障人员和设备安全生产的途径，确保中央厨房的生产环境清洁卫生，生产的餐饮营养、卫生。

第九章"整体参观设计"：为了增强中央厨房的使用效果，包括社会宣传效果，探索了中央厨房的展示策略，包括对中央厨房路线布局、接待室功能布局、走廊布局等，内容包括宣传片、观察窗口、沙盘等，从视角、现场等多方位三维展示中央厨房的效果。

第十章"中央厨房工程实施"：研究中央厨房设备和系统集成的设计、施工条件，提出基础建设期间的配合方案，分析在施工过程中需要注意的安全事项，建立项目建设后的培训服务体系，为中央厨房的后期安全长效运营提供基础保障。通过展示正大中央厨房、武汉铁路局中央厨房等建设效果，说明本研究的有效性。

本著作为笔者近10年来的主要研究成果，也是与广州玺明机械科技有限公司等一起的研究和实施成果。在研究和撰写过程中，得到了台湾中央厨房设计和建设专家徐哲定先生、广东工业大学陈新度教授、广东省机械研究所阮毅教授等的悉心指导和帮助，感谢广州玺明机械科技有限公司副总经理张晓春女士提供的技术支持和帮助。

由于笔者水平有限，书中难免会有错误和不足之处，希望读者批评指正，敬请多多赐教，不胜感激。

周欢伟

2020 年 5 月 10 日

目 录 →

第一章
中央厨房的简介

第一节 中央厨房的研究现状

现代生活正向着专业化、精细化、流程化的模式发展，餐饮是现代生活的必需品。中央厨房是指由餐饮连锁企业建立的，具有独立场所及设施设备，集中完成食品成品或半成品加工制作，并直接配送给餐饮服务单位的加工场所。它是将食品工业向餐饮业渗透，满足广大民众日常的饮食需要，应用专业的机械化、自动化设备，大量生产营养均衡、美味可口、节时便利的餐饮的生产场所。其利用固定的操作空间，将采购、选菜、切菜、调料、熟化、冷却、包装等各个环节进行集成，用统一的运输方式，在指定的时间和地点内，将餐饮送到客户手中。中央厨房是降低食品安全风险，形成集约化、标准化的操作模式，实现集中规模采购、安全生产的综合系统工程。

"中央厨房"的概念是从国外引入的，其主要作用是为连锁餐饮提供成品或半成品。国外连锁餐饮业重视并建设中央厨房工程已有几十年的历史。以日本为例，许多成功的餐饮连锁企业都是在店面开设初期就积极运筹建设中央厨房。1970年，吉野家在日本仅有几家店，但其在1971年便建设了中央厨房，这一模式为其后来在全球建立连锁店奠定了坚实的基础，目前该企业在全世界拥有1 100多家店面。在美国、日本等发达国家，中央厨房工程的另一个作用是服务于学生午餐和社会零售店。美国学校供餐经历了漫长的发展过程，在营养立法、组织机构、营养指导、监督管理和调查研究等方面已经形成完整的科学体系；日本学校的供餐则开始于第二次世界大战，目前日本中小学校供餐模式基本形成以中央厨房为核心、以卫星厨房和学校厨房为辅的模式。

中国餐饮产业集中度仅占7%，美国则达到20%左右，中国餐饮产业整体发展水平相对落后，为此，中国食品工业（集团）公司、国家食品行业生产力促进中心、北京工商大学、北京食品科学研究院、中国烹饪协会、百胜餐饮集团、味千（中国）控股有限公司、中国经济网等30余家单位联合发起成立中国餐饮业中央厨房产业技术创新战略联盟。目前中国中央厨房还处于理论研究和实践的起步期，复旦大学的厉曙光教授就中央厨房的食品安全进行了系统的研究，并提出了有效的解决办法；哈尔滨商业大学成立了中式快餐研究发展中心，其单位的杨铭铎等人就中央厨房进行了系统的研究；曲阜师范大学的张倩倩等人就中央厨房冷链物流的成本结构进行了系统研究，提出了节约成本的方法；张媛等人从"互联网＋"的角度，提出了中央厨房的流程设计与品控策略。目前国家建成的中央厨房有一定的建设规模，采用了机械化设备代替部分人工的操作，日生产量有一定的突破。

目前，我国中央厨房产业存在的问题较多：①大部分中央厨房处于单机多、产能低，自动化和专业化流水线缺少的状态，仍需要大量的人工操作（如图1-1所示），智能化控制水平较低，温度、压力、速度等参数难以控制，对关键设备及整体运营缺少特征、功能、工艺流程的研究，成功案例不多。②对关键工艺及设备缺乏关键技术攻关研究成果，如在线检测技术、气调保鲜技术（modified atmosphere packaging，MAP）、高速冷却技术等方面。③产品的标准化、操作的规范化、技术的现代化、组织的制度化程度较低，中央厨房相关标准体系建设滞后，特别缺乏通排风及空气净化系统的标准及新技术。④设计理念陈旧，项目论证不严谨、不科学，盲目建设、重复建设现象严重，存在产业和产品结构不合理等问题。⑤中央厨房四大配套体系不完善，如规划设计体系、设施设备配套体系、组织管理体系、上下游供应链体系等。⑥节能环保意识不强，采用新工艺、新技术、新设备、新材料不够；设备产品技术含量低，重模仿、轻创新研发，缺乏核心竞争力，上规模支柱型设备专业厂家少。

中央厨房有两种加工方式：①半成品的加工，就是把批量购买回来的菜品和蔬菜，放在单独一个地方加工成半成品，包括对蔬菜的清洗、切配、包装，再用冷藏车运输到各个店里加工使用。②成品的加工，就是通过强大的生产线，把米饭做熟配上做好的菜，直接送到需求量大的办公楼或快餐店售卖。

目前中央厨房有9种类型，包括：①餐店自供型中央厨房（如北京嘉和一品企业管理有限公司、广州真功夫餐饮管理有限公司）；②门店直供型中央厨房（如上海清美绿色食品有限公司、东莞波仔食品有限公司）；③商超销售型中央厨房（如河北美食林商贸集团有限公司、北京市海乐达食品有限公司）；④团餐服务型中央厨房（如天津月坛学生营养餐配送有限公司、湖北华鼎团膳管理股份有

图 1 - 1　人工切菜

限公司）；⑤旅行专供型中央厨房（如上海鑫博海农副产品加工有限公司）；⑥在线平台型中央厨房（如江苏永鸿投资股份有限公司、北京海尔云厨＋聚农天润）；⑦代工生产型中央厨房（如广州蒸烩煮食品有限公司、河北固安兴芦绿色蔬菜种植有限公司）；⑧特色产品型中央厨房（如扬州冶春食品生产配送股份有限公司、浙江五芳斋实业股份有限公司）；⑨配料加工型中央厨房（如北京天安农业发展有限公司、江苏景瑞农业科技发展有限公司）。高铁中央厨房属于团餐服务型中央厨房，目前有大量的需求。

随着中央厨房数量的增加，中央厨房设备需求量也不断增加，近几年我国中央厨房设备市场规模发展迅速，2019 年，我国中央厨房设备市场规模达到90.5 亿元（如图 1 - 2 所示）。

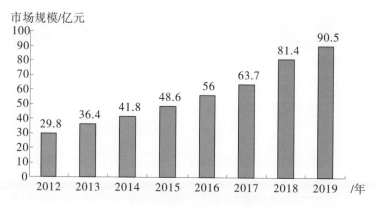

图 1 - 2　中央厨房设备市场规模

从中央厨房投资额来看，投资额在 1 000 万元以下的占 0.77%；中央厨房投资额在 1 000 万～5 000 万元的企业有 16 家，占被调查企业总数的 61.54%；中央厨房投资额在 5 000 万元以上的企业有 2 家，占被调查企业总数的 7.69%。

从中央厨房的建设面积来看，面积在 1 000 m^2 以下的占 6.67%，1 000～5 000 m^2 占主流，占比为 46.67%（如图 1 -3 所示）。

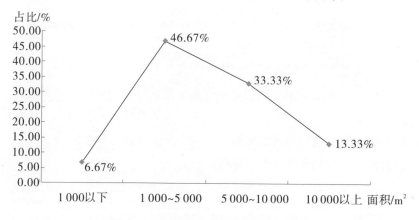

图 1 - 3　团餐企业中央厨房面积统计图

第二节　中央厨房的作用与特点

一、建立中央厨房的作用

中央厨房的优点：

（1）通过标准化作业流程，能够减少厨房的用工量，降低人力资源成本。

（2）仓储加工配送程度高，降低单店厨房、仓储、办公面积，使房租成本降低。

（3）中央厨房的建立使单店厨房的设备投入减少，提升了餐饮业的环保指数，迎合了"两型社会"（资源节约型社会、环境友好型社会）的创建。

（4）集中统一采购、核算，易形成规模效益，利于建立一体化的管理信息系统和电子商务平台。

建设智能无人中央厨房的特色有以下5点。

（1）智能化设备实现自动化操作。整体车间的生产控制实现全机械化生产，采用多项联运控制技术，包括单机 PLC 控制、生产线的联动控制、物料的运输机器人控制、分装控制、包装控制、气调保鲜控制，实现全程智能化操作。

（2）无人化操作实现安全生产。整个中央厨房实现了机器人操作，包括打包盒空盒放置、菜肴分装、米饭分装、面点分装、打包盒封口前放置、封装后打包盒堆码、材料调度运输、辅助工具清洗、辅助工具堆码、地面清洗、工作台面清洗等。

（3）信息化控制实现数据同步。整体中央厨房实现智能控制，包括温度控制、湿度控制、洁净度控制、压力控制等的同时，实现整体视频监控和在线检测等，将每个数据自动收集和分析，实现高度信息化控制。

（4）高标准餐饮使品质优良。中央厨房面向的大众人群，对餐饮质量要求较高，要将餐饮做到精细、新鲜、口感好且安全卫生，必须有严格的工艺流程做保障。

（5）重地域特色使客户满意。中央厨房所生产的菜肴是面向全国各地的人民，需要生产出符合不同民族、不同地域人民口味餐饮，品种不能太单一，但为了操作方便，品种也不能太多。

二、中央厨房的特点

中央厨房本身意味着拥有一套保障食品安全的规范、成熟的流程制度与硬件设施，采购、贮存、加工制作、包装、留样、运输、清洗消毒等关键环节都有操作规程，出现任何问题第一时间都能找到源头；并且依靠中央厨房的标准化和工业化带来效率的提升与成本的降低。中央厨房的运营主要有以下 5 个特点。

1. 特点一：集约化

连锁餐饮企业的中央厨房由于生产规模大，原料的供应量、储藏量、切配量、烹调环节的菜肴制作量、配送环节的菜品配送量以及综合能源消耗量都十分巨大，这些都是成本控制的关键因素。通过中央厨房的集约化管理，集中采购和成本核算，避免了分散零星采购所造成的高成本以及管理漏洞和安全隐患，还有助于建立采购、储运、加工、配送、销售等环节的信息管理系统和电子商务平台，确保高品质、低成本，达到成本控制管理的目标。

2. 特点二：标准化

标准化对于连锁餐饮企业来说，就像是产品模型与制造企业的关系，只有确定了一个模型才可以不断复制。比如在实际操作中，烹饪的温度、过程、技术都无法量化，全凭厨师掌握，因此很难将某个固定的品种的特点和品味的菜肴进行准确的定量。中央厨房餐饮的标准化主要有以下 6 个方面。

（1）原料采购标准化。企业深刻意识到食品安全问题，所以从采购开始，就严把质量关。首先，合作客户零风险鉴别所采购的高品质食材、杜绝回扣等问题；其次，产品 QS 生产许可、第三方监管体系食品安全零风险，可增加食品安全保障。客户在高端餐饮食材的采购不再担心索证及安全问题。原料标准是餐厅对原料质量的要求，对门店来说主要是感官检验，具体来说就是视觉、嗅觉、味觉，即对食品色泽、气味、滋味、质地等方面进行图文规范制定。

（2）工艺标准化。工艺标准化，即对生产过程的要求。对于这一步只有每一道工序都进行规范制定、合理控制，才能最终产出合格产品。以粤菜的佛跳墙为例，佛跳墙每盅零售价 98 元，其标准化产品佛跳墙 300g/袋，对外供货价在 38 元，每袋最少可以做每盅毛利率 63%。从食材选料、清洗筛选、火候、泡发时间、加工工艺流程等都是标准化的，并可结合生产工厂的条件进行产品定型。通过产品的试制，到定型生产、定量生产，达到工业化的效益。

（3）食谱标准化。食谱标准化，其内容具体包括了对原料的要求、各种调味品用量和规范烹饪温度及时间，标准食谱改变了传统的中餐生产理念，其应用为中餐菜品的品质提供了保障，也在规模化运营上做出了大胆的尝试。并可在不增加人力、物流等成本的情况下增加新的菜肴制品。后厨将标准化产品进行标准化的简单再加工，变成一个真正的菜品。选择连锁餐饮标准化产品配送，可有效降低后厨的人力成本，据有效统计，可降低后厨人力成本 30% 以上。标准化不是取代厨师，是节省厨师大量劳动时间，控制厨房成本，便于后厨的整体管理、创新发展菜品。

（4）包装材料、保鲜标准化。包装材料的选择是保障品质的重要问题。包装材料均采用耐高温、可蒸煮的食品级包装袋。如宜乐食品通过现代食品的速冻原味技术速冻处理后，能较好地保存菜品的原味和口感。将冷加工链菜品转化成工业化产品，可更好地实现流程设计和监控等。现代食品的速冻原味技术是将厨师的技艺程序化，改变了传统的"一师一徒，一人一味"，为大规模的生产、保鲜等提供了品质保障。

（5）售卖标准化。每份菜品的重量、每杯饮料的体积，都可以通过计量器具或设备控制。这个数值既可以是确定数值，也可以是范围值。销售过程中应通过各种控制手段，保障分量一致。如控制不佳，不仅对顾客体验造成影响，对食材成本的管理也会造成极大困扰。

（6）配送标准化。通过提供库存及预警机制，客户可以实现库存零风险速冻保存、按需下单、无须积压，没有食品变质等问题；这样为企业与合作伙伴带来的是经营零风险（出品投入低）。在不增加人力、物流等成本的情况下可增加新的菜系或菜品，对其提升餐饮消费档次提供了有力支持。同时企业也在布局全国的冷链配送架构，不断强化物流服务水平，以确保标准化产品及时送达各地客户手中。

3. 特点三：工业化

中央厨房工业化主要分设备工业化和菜品工业化两方面。

（1）设备工业化。与西餐简单烹饪技艺不同，中餐用到了蒸、煮、炒、炸、焖、炖等各式各样烹饪手法，要想实现中餐厅的工业化，必须设计出专门针对中餐的生产设备来取代传统烹饪技艺。但是中国有这么多的餐饮企业，不同的领域、不同的流派，需研发适用于自身的生产设备。

当然也有许多可以直接"引进"，食品工业生产设备本来就是从餐饮的烹饪设备中发展起来，从而实现大规模工业化生产。那么假如餐饮需要大规模标准化生产，现代化的食品工业生产设备将能很好回馈餐饮，打造出工业化的中央厨房。比如，运用食品工业中的真空油炸锅来进行餐饮烹饪的"炸"，既能对温度时间进行控制，又能提高产品品质；运用高压蒸煮仪来进行蒸煮菜肴，实现电脑控制蒸煮等。

（2）菜品工业化。餐饮企业要想得到更大的发展，单单依靠厨房来现烧现卖是做不到的，那就需要将菜品大批量地生产出来，并进行保质保鲜的储藏和包装。对于适合提前生产出来的菜品，如熏、烤、卤、炸等菜肴可以先将菜肴进行精心设计，制定出生产标准，然后运用工业化生产方式进行批量生产。对于不适合提前生产出来的菜品可以预先制作好半成品，只留最后一道烹饪工序给厨房或消费者，生产的成品菜品或半成品菜品既可以直接当成一种商品，销售给顾客带回家食用，也可以在厨房直接（或进行最后一道工序的加工后）快速地装盘上菜。像这样预先工业化生产菜品，不但可以简化厨房的操作工序，降低对个人水平的要求，也能在企业运作中提高工作效率，减小劳动强度，为菜肴加工质量统一提供有效保障，同时还能提高时间、空间上的规模效益，降低经营成本，是餐饮工业化发展的一个重要途径。

4. 特点四：产品精简化

中餐生产的精简决定了餐饮的品种，特别是单品精品生产成为中餐的主流。中央厨房的生产既要满足大规模生产的要求，又要满足个性化的需求，发展产品精简化成为必由之路。例如，西贝陆续将原本 120 道的菜单减少到 45 道，北京研发部负责菜品研发，着重于老菜提升，各地方的中央厨房负责执行，集中火力，向着"道道都好吃"的目标进发。

5. 特点五：产品唯一性

中央厨房意味着你的产品是唯一的、独有的，竞争对手难以复制，这样独有、不可复制性的自有商品，意味着可以对受众产生更高的用户期待度和更大的黏性。

第三节　中央厨房的典型案例

目前国内已经出现了多个中央厨房，以下例举 5 个有代表性的中央厨房。

1. 富士康中央厨房

2009 年，富士康在深圳龙华区建立了生产面积 8 000 m² 的中央厨房，可解决 6 万人进餐。从中央厨房的前期规划设计、功能布局、设施设备配置、工艺流程优化、原辅料进货验收、工器具消毒、内外环境卫生和食品检测等各个环节提供技术咨询，制定一体化食品技术解决方案。

2. 清山绿水中央厨房

2014 年，清山绿水集团在重庆南岸区政府的茶园上建立了一家 6 000 m² 的中央厨房，从基地直采的各种食材正是经由中央厨房完成下锅前的所有环节，包装为"九成菜"后发往各大配送点，内含了一整条生鲜配送的新型产业链。2015 年，该集团已经建成面积达 300 亩（20 万 m²）的中央厨房，为目前亚洲最大的中央厨房。目前已经组建了 30 多家固定的绿色食材供应基地，其中除了重庆本土的供应商之外，还包含了来自四川宜宾、武胜等外地优质供应商。

3. 河南中央厨房

2016 年，河南中央厨房产业园一期工程总面积 846 亩（56.4万 m²），实现陆续投产，园区内包括中央厨房产业区、烘焙产业区、食材配套产业区、豫菜研发中心、食品检测中心、净菜加工中心、冷库和物流配送中心等。

4. 燕诚集团中央厨房

燕诚集团的前身是 1983 年成立的北京蔬菜食品机械厂，主营蔬菜加工设备、肉类加工设备、热调熟化设备、全自动米饭生产线、灭菌检测冷链包装设备；涵盖中央厨房所需，一站采购，整体售后。六大系列，100 多款产品，产品规格之多、种类之齐居全国同行首位。针对中央厨房整体项目，燕诚集团同时提供设计、规划、咨询、食品工艺指导、运营管理、食品定制研发以及装修选材施工、全套设备供应的软硬件一体的中央厨房整体解决方案。

5. 浙江翔鹰中央厨房设备公司

此公司是专业从事大型供餐中心、食品工厂、企事业单位、高等院校食堂、社会集团供餐、高中档酒（饭）店等中央厨房设备的策划、设计、制造及安装工程的厂家。公司现拥有中央厨房的自动米饭生产线系列，大型智能蒸箱、醒发箱系列，智能炒菜机系列，洗碗机系列，炒（汤）锅系列，消毒柜系列，油炸机系列，洗菜机（线）系列，食品运输机系列，餐具清洗消毒线系列，炉具、冷藏、冷冻、蒸煮、台柜、洗涮、自动化食品加工机械系列，抽油烟机系列等 18 大系列 2 000 多个规格品种的研发生产能力，并代理国外名牌食品加工机械及西餐厨房设备，是目前我国大型中央厨房设备生产企业之一。

第四节 中央厨房的设计规范

中央厨房的设计应严格按照《中央厨房许可审查规范》，在保证满足国家对于中央厨房建设的要求下，更多地为甲方客户进行考虑，降低运营成本。进行中央厨房场区布局及工艺流程布局规划设计，需要考虑：建筑结构形式、楼层及层高；柱网跨度；各区荷载；给排水、电力、蒸汽、燃气点位及需求量；制冷、排烟、新风洁净等级等需求；冷链温层及各温层环节的衔接需求；设备需求（物流设备、厨房设备、冷库冷藏设备、配送运输设备要求）；工艺节点需求等一系列具体需求方案，这就需要同物流中心的设计单位与施工单位进行沟通。

为了实现上述布局和设计，需要出具建筑专业、暖通专业和信息专业等图纸，与中央厨房设备及系统集成密切相关的图纸如表1-1所示。

表1-1 所需要的图纸

序号	所需图纸
1	中央厨房场区布局及工艺流程布局规划设计图
2	常、低温物流中心规划图（建筑平/立/剖/节）
3	灯具、货架布置图等
4	功能间隔断图
5	设备布置图

续上表

序号	所需图纸
6	冷库布置图
7	洗衣间图
8	车间内建筑物隔断、传递口、门洞、房间面积及设备搬入口预留图
9	车间洁净区域划分图
10	各车间温度、人数、换气次数、排风量要求图
11	车间吊顶区域及高度要求图
12	车间水沟和地漏布置以及蒸汽冷凝水回收点图
13	首层设备电力用电点和热风管道图
14	设备压缩空气、氮气用气点图
15	设备蒸汽用汽点图
16	设备纯水、自来水用水点图
17	设备天然气用气点图
18	抽风排气管道及二层相对开孔位置平面图
19	首层冷库、预冷间、二次降温管道走向平面图
20	二层设备水、电及重量图
21	二层机房建筑图

特别地，高铁中央厨房在工艺方面有严格的要求，尤其在给定排水、门窗和地面、墙面、吊顶、冷库、地角、漏水、热量回收等方面有较高的工艺做法设计及要求。此外，内部装修对紫外线消毒、灭蚊灯、气管、电插座都有安装要求，同时对消防、电压、卫生、燃气、风量、环保处理等都要符合国家相关规定。

一、中央厨房设计规范

1. 安全

要充分考虑消防设施及疏散通道，电源、燃料等危险物品的安全保护措施，对于人体操作可能造成伤害的预防措施。

2. 卫生

达到国家对中央厨房的卫生防疫要求，遵循厨房流程及货物要求（如进料、初加工、细加工、烹饪、冷却、包装、出货等过程）、工作人员要求（如工作人员进入厨房前需执行更衣、洗手、风淋、消毒等程序）。

3. 效率

机械及人工操作的合理结合。

4. 经济

在满足客户需求和操作安全的基础上降低预算。

5. 流畅

多方面考虑后厨人员流动情况以保证人员操作流畅，并留出充足的人员流动空间。

6. 标准

根据用餐人数、餐饮区别、文化习性的不同进行差别化设计。

7. 通风

厨房排烟需遵循国家环保要求，排烟过程中需二级净化，并在高空排放，在此基础上进一步对油烟排放和空气流通做细节处理。

8. 排水

厨房污水排放需遵循国家环保要求，采用二级隔油。对地坪排水、排水沟、污水池、截油槽等设计采用通畅、易清洗的模式。

9.燃料

燃料的使用应符合企业效益且使其不间断。

10.储存

中央厨房中的储存环节是非常重要的，储存空间必须满足中央厨房的日常运转需求，并满足原料储存、半成品储存和成品储存等的物料储存需求。同时还需要计算安全库存量，保证库存所占的空间足够。

11.预留

根据客户需求及发展状况，预留后期发展空间。

二、中央厨房的选址及建筑要求

1.选址地理要合理

中央厨房的建设需要选择地势干燥、有给排水条件和电力供应的地区，不可以在易受污染的区域内。

2.采用"生熟分开、人物分开、流程不回头"的原则

每个区域紧紧相连，才能减少作业时间及人员的浪费，而这些区域间的主动线与附属走道一定要考虑它的流通性。主动线上应预留 150～180 cm 宽度，而附属走道的宽度可以在 75～90 cm，因为一般的推车宽度都在 60 cm，而一个人的正面平均为 60 cm。搬拿货物时臂膀的跨距在 75 cm 左右，所以，为了主动线回旋、交叉无碍，建议主动线宽在 150 cm 以上，而附属走道至少要 75 cm 才能使货物搬运不受影响。将人流与物流分开，无论是人流还是物流，都只向前走，不走回头路。

3．专间要求

中央厨房专间内无明沟，地漏带水封，专间墙裙铺设到顶。

中央厨房专间只设一扇门，采用易清洗、不吸水的坚固材质，能够自动关闭；窗户须封闭，且可以直接接触用水清洁。

图1-4　中央厨房内景

第五节　中央厨房的技术特色

中央厨房承担着从采购、进货、仓储、领料、生产加工、配制、烹饪、分装、物流配送直到服务消费者的全部过程。因此在进行设计规划时对厂址、生产场所、生产设备、加工机械、工艺流程、运输工具都有严格的要求，具有较多的技术环境要求。中央厨房生产模式如图1-5所示。

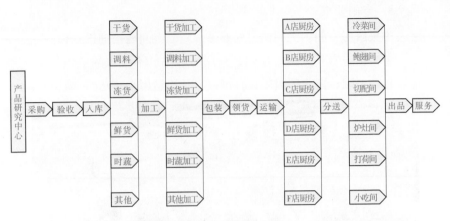

图 1-5　中央厨房生产模式

1. 设备具有高度智能化和节能化

智能化中央厨房具有智能化控制系统，用主食生产线、全自动洗切流水线、自动分装流水线、智能化自动炒菜锅等自动化设备取代人工操作，引入烹饪机器人，有效控制油温，杜绝高温产生有害物质，且能够实现自动投料、自动翻炒，充分实现了高效烹饪、标准烹饪和科学烹饪。通过生产线和机器人的帮助，实现自动化程度高的无人中央厨房。同时，在选址、工艺布局、设备选型等方面突出节能减排、低碳环保的理念，并实现热能回收系统，达成节能环保的目标。

2. 设计应具备的可扩展性方案

设计方案要有对先进技术应用的预判能力，具有扩展性，特别在设备的更新或新增、增建动力、内装设备等方面，应有较强的扩展性。

3. 实施 HACCP 食品安全保证体系

HACCP（Hazard Analysic Critical Control Point）是国际公认的，

以科学为基础的食品安全保证体系。对于中央厨房的卫生安全，建立 HACCP 是预防、降低和消除生物的、化学的和物理的食品安全危害的有效手段。对于一个优秀的中央厨房，在规划设计中，强调的是细节，需要考虑五个区域即洁净区、准洁净区、半污染区（一般工作区）、污染区（非生产区）、防虫害及异物入侵区的划分和控制。

4．物流配送的解决策略

对于中央厨房，分拣是配送环节的核心，它的效率将直接决定配送中心的服务能力。对于中央厨房采用机器人运输和机械手拣选，实现自动传输结合自动分拣机方式时，应留有运行的空间，解决空间运输的算法，建立物流运输的模型，获得良好的解决策略。

5．信息化系统要求

（1）在中央厨房的设计中应积极导入各种信息监控系统。

（2）信息系统可接受订货、进行生产数指示、作业示意图管理等，进行全面信息化管理。

（3）现场终端系统收集实时温度、适度、压力等资料。

（4）设计从原材料进货到成品出货的制造系统，进行一体化管理。

（5）整体餐饮从原料到客户食用过程的可追溯性，包括食材来源、加工过程、包装过程、冷却过程、运输过程、加热过程等，通过 RFID、GPS、GPRS 等信息技术对运输车辆进行定位监测。

第六节　中央厨房的法律约束

一、法律约束条文发展历程

随着餐饮业发展的逐步转型，中央厨房在我国刚刚起步，它的设计和建设、运营涉及食品、建筑、机械、环保等多个行业和领域，为了保证中央厨房达到标准化、工业化和规模化的要求，也为了规范整个餐饮市场秩序，国家和地方出台了一些相应的监管标准。

1. 食品安全法规体系逐步完善

自 1952 年出版《食物成分表》，到先后颁发《中华人民共和国食品卫生法》《中华人民共和国食品安全法》，再到修订《中华人民共和国食品安全法》于 2015 年 10 月 1 日起施行，《网络食品安全违法行为查处办法》于 2016 年 10 月 1 日正式施行，国家食品药品监督管理总局于 2017 年 9 月发布《网络餐饮服务监督管理办法》，以及各省市区相继出台食品安全相关地方性法规或指导意见，国内食品安全法律法规历经多次调整修订，监管体系逐步完善。

2. 国家高度重视食品安全

自党的十八大以来，习近平总书记多次就食品安全工作做出指示，并提出用 4 个"最严"抓好食品药品安全，即"最严谨的标准、最严格的监管、最严厉的处罚、最严肃的问责"。2017 年 1 月，习近平总书记指示强调"严防、严管、严控食品安全风险，保证广大人民群众吃得放心、安心"。2017 年"两会"政府工作报告也明确提出，"坚决把好人民群众饮食用药安全的每一道关口"。

2017 年"中央 1 号文件"明确指出，为壮大新产业新业态，拓展农业产业链价值链，必须加快发展现代食品产业，实施主食加工业提升行动，积极推进传统主食工业化、规模化生产，大力推广"生产基地 + 中央厨房 + 餐饮门店""生产基地 + 加工企业 + 商超销售"等产销模式。

2017 年 5 月，农业部办公厅、中国农业发展银行办公室联合发布《关于政策性金融支持农村一二三产业融合发展的通知》。提出大力支持主食加工业、中央厨房发展，增强营养安全、美味健康、方便实惠的主食品供给能力。集中支持和培育一批大型企业、上市公司、自主创新能力与核心竞争力强的高精尖加工流通企业，支持融标准化生产、商品化处理、品牌化销售和产业化经营于一体的企业。

图 1-6 中央厨房操作空间

二、 常规的法律及主要要求

目前根据中央厨房发展现状和食品安全要求，主要有 8 个相关法律及规范，包括中央机构编制委员会办公室《关于明确中央厨房和甜品站食品安全监管职责有关问题的通知》（中央编办发〔2011〕3 号）、《中央厨房许可审查规范》（详见附件所示）、《食品经营许可管理办法》、《餐饮业和集体用餐配送单位卫生规范》、《学生营养餐生产企业卫生规范（WS 103—1999）》、《广东省食品药品监督管理局关于食品经营许可的实施细则（试行）》、《食品安全地方标准 集体用餐配送膳食生产配送卫生规范（DB 31/2024—2014）》、《食品安全地方标准 中央厨房卫生规范（DB 31/2008—2012）》。

洁净的中央厨房（如图 1 - 7 所示）在《中央厨房许可审查规范》中对环境卫生有明确的要求，包括：①地面用无毒、无异味、不透水、不易积垢的材料铺设，且平整、无裂缝；②粗加工、切配、加工用具清洗消毒和烹调等需经常冲洗场所，易潮湿场所的地面易于清洗、防滑，并有排水系统；③地面和排水沟有排水坡度（不小于 1.5%），排水的流向由高清洁操作区流向低清洁操作区；④墙壁采用无毒、无异味、不透水、平滑、不易积垢的浅色材料；⑤粗加工、切配、烹调和工用具清洗消毒等场所应有 1.5 m 以上的光滑、不吸水、浅色、耐用和易清洗的材料制成的墙裙，食品加工专间内应铺设到顶；⑥内窗台下斜 45°以上或采用无窗台结构；⑦天花板用无毒、无异味、不吸水、表面光洁、耐腐蚀、耐温、浅色材料涂覆或装修。

对食品健康的要求有：①严格坚持"四隔离"制度，即生与熟、成品与半成品、食品与药品、食品与天然水。零售食品应使用食品夹，严防中毒事件发生。②粗加工操作场所分别设动物性食品、植物性食品、水产品三类食品原料的清洗水池，水池数量或容量与加工食品的数量相适应。各类水池以明显标识标明其用途。

图1-7　洁净的中央厨房

第二章
中央厨房的整体布局

第一节　中央厨房的布局

一、中央厨房的布局原则

（1）中央厨房总体分为原料储存区、初加工区、熟化区、冷却区、包装区、检测区、成品储存区、清洁区等。

（2）中央厨房需要根据餐饮类别不同，分别设置加工区域，如肉类加工区、蔬菜加工区、米类加工区、面点加工区等。

（3）在餐饮中央厨房设计中，库房储存方式采用冷藏方式储藏，因此在设计时应配备速冷设备。

（4）在中央厨房厂房设计中，包括工艺设备布置在内的整体生产区域工艺布局设计，按照GMP原则设计，做到"工序衔接合理，人流物流分开""避免人流物流交叉"。包括以下五方面。

①要求在洁净生产区内设计专门走人的通道和运送物料的通道。在人流道上只准走人不准运物，在物流道上只准运物不准走人。

②要求人流道和物流道平行设置，不准出现交叉点。

③要求每一个进行单元操作的洁净室至少开两个门，进出操作人员和物料的门要分开。

④强调进入洁净区的物料口和内包材料口分开，不准合用。

⑤条件较好的中央厨房，不同生产区域实施人流物流分开的规定，比如配套一个与辅料生产相应的仓库，要求设一个专门出入仓库管理员的门、一个专门进物料的门和一个专门运出成品的门。

（5）中央厨房在硬件建设上应采取各种措施，包括厂址选择、总图布置、厂房建设、工艺布局、设备设计选型、净化空调、给排水、电气等方面的工作，使食品在生产过程中避免产生混杂、差错、受到外界环境和操作人员污染以及药品之间相互交叉污染。

（6）中央厨房采用封闭式管理、全机械化、全管道化输送、全运输物流的模式，实现智能无人化生产，生产员工只起监控、辅助、汇总信息等作用。

（7）在符合国家有关安全、防火、劳动保护等有关规定和满足生产要求的条件下，中央厨房的门的数量越少越好，减少受外界环境污染、昆虫等小动物进入的可能性。洁净区的入口，只要进入的物料不会互相污染，就没有必要多设入口。一般生产区，就仓库来讲，除特殊要求外一般对仓库的温度、湿度及空气中灰尘也应进行有效控制。

二、 走道控制要求

中央厨房要求每个区域紧紧相连，才能减少作业时间及人员的浪费，而这些区域间的主动线与附属走道一定要考虑它的流通性。主动线上应预留 150～180 cm 宽度，而附属走道的宽度可以在 75～90 cm。

三、 人流物流设计原则

（1）人流物流分开。进入洁净区的操作人员和物料不能合用一个入口，应该分别设置操作人员和物料入口通道。原辅料和直接接触食品的内包材料，如果均有可靠的包装，相互之间不会产生污染，工艺流程上也是合理的话，原则上就可以使用一个入口。而生产过程中使用或产生的如活性炭、残渣等容易污染环境的物料和废弃物，应设置专门的出入口，以免污染原辅料或内包材料。进入洁净区的物料和运出洁净区的成品其进出口最好分开设置。

（2）操作人员和物料进入洁净区应设置各自的净化措施。操作人员可经过淋浴、穿洁净工作服（包括工作帽、工作鞋、手套、口罩等）、风淋、洗手、消毒等进入中央厨房的生产区域，不同生产区域的洁净度要求不同，消毒的要求也有所不同。物料可经脱外包装、风淋、外表清洁、消毒等工序，经气闸室或传递窗（柜）进入洁净区。

（3）设备消毒按要求分批次处理。为避免外来因素对食品产生污染，在进行工艺设备平面布置设计时，洁净生产区内只设置与生产有关的设备、设施和物料存放间。压缩气体用的压缩机、钢瓶、真空泵、除尘设备、除湿设备、排风机等公用辅助设施，只要工艺要求许可，均应布置在一般生产区内。为有效地防止食品之间产生交叉污染，不能在同一洁净室内同时生产不同规格、不同品种的食品。

（4）人员、物料进入便捷快速。在洁净区内设计通道时，应保证此通道直接到达每一个生产岗位、中间物或内包材料存放间。不能把其他岗位操作间或存放间作为物料和操作人员进入本岗位的通道，更不能把烘箱类的设备作为人员的通道。这样可有效地防止因物料运输和操作人员流动而引起的不同品种食品交叉污染。

（5）物料传输方便有序。在不影响工艺流程、工艺操作、设备布置的前提下，如果相邻洁净操作室的空调系统参数相同，可在隔墙上开门、开传递窗或设传送带用来传送物料，尽量少用或者不用洁净操作室外共用的通道。

（6）多层厂房内运送物料和人员的电梯最好分开。电梯和井道是一个大的污染源，且电梯及井道中的空气难以进行净化处理，所以洁净区内不宜设置电梯。如果由于工艺流程的特殊要求或厂房结构的限制、工艺设备要立体布置、物料要在洁净区内从上而下或从下而上用电梯运送时，电梯与洁净生产区之间应设气闸或设计其他能保证生产区空气洁净度的措施。

第二节　按工艺流程布局

中央厨房涵括了较多的关键技术，包括人员淋浴及消毒技术、蔬菜粗加工技术、地漏技术、多功能烹饪技术、米饭蒸煮技术、调味料技术、米饭分装技术、菜肴分装技术、快速冷却技术、MAP保鲜技术、烹饪搅拌技术、抽油烟技术、纯净水技术、洁净空间技术、湿度控制技术、温度控制技术、灭细菌技术、灭蚊技术、自来水净化技术、蒸馏水技术、热量回收技术、冷库保温技术、地流平技术、包装技术、消防要求、电压要求、周转箱物流及清洁技术、污水处理技术等。

中央厨房的系统集成含安全报警系统、在线卫生检测系统、中央空间温度控制系统、湿度控制系统、洁净度检测系统、整厂监控系统、食品异物检测系统、物料管理系统、人员调配管理系统。如图 2-1 所示是中央厨房标准车间布局图。

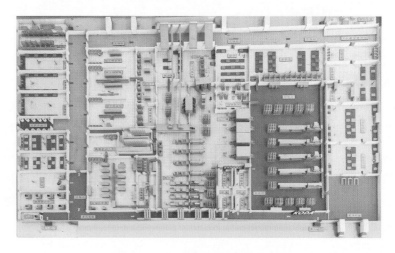

图 2-1　中央厨房标准车间布局图

中央厨房的工艺操作流程为原料入库→初加工→熟化加工→冷却处理→保鲜包装→安全检测→存储及物流（如图 2-2 所示）。按工艺流程布局分为原料仓库、解冻区域、初加工区域、熟化加工区域、冷却加工区域、包装区域、冷库区域、运输区域等。

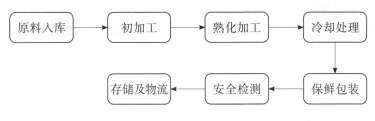

图2-2　工艺流程图

中央厨房分为四个区，即初加工区、熟化区及冷却区、分装封装区、装箱区（如图2-3所示），其中初加工区及装箱区为非洁净区，熟化区及冷却区为30万级洁净区，分装封装区为10万级高洁净区。

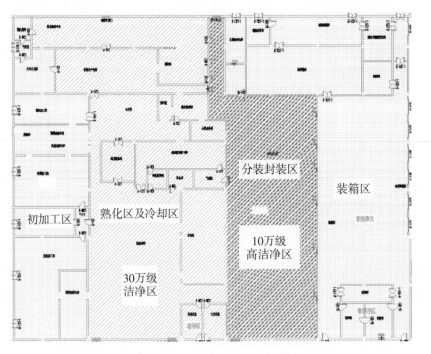

图2-3　按工艺流程划分的区域

中央厨房的布局应遵守以下原则：①应符合产品加工工艺，使人流、物流、气流、废弃物流分离且运行顺畅；②人员进入车间，应进行一次或二次更衣、风淋、洗手、消毒等，否则不可直接进入车间；③操作人员直接到达各自的操作区域，避免清洁区与污染区人员动线相互交叉；④避免污染物和非污染物的动线交叉；⑤避免生、熟品之间的相互交叉；⑥加大清洁区空气压力，防止污染区空气向清洁区倒流；⑦气流从低温向高温区流动；⑧严格按照工艺合理选择加工设备、物流设备、制冷设备；⑨拥有合理的操作人员走动空间，视野开阔，方便管理和操作。

按区域划分，中央厨房可分为10个区域：①食品原料基地、收货验收区，主要包括卸货码头/验收与仓管；②仓储区，主要包括畜禽类冷冻库/蔬菜冷藏库/冷链产品冷藏库/鸡蛋冷藏库/干货仓库/化学品仓库等；③卫生区，主要包括员工更衣室/男女洗手间/餐厨垃圾处理；④加工区，主要包括蔬菜/肉类等净菜精加工；⑤熟化区，主要包括热厨/面点/西点/清真厨房/米饭；⑥冷链生产区，主要包括盒饭、菜肴等系列产品的冷却；⑦包装区，主要包括分装间、封口车间、成品库；⑧各类贮存区，主要包括原料或半成品/米面库/调料包/包材库；⑨餐具清洗区，主要包括回收码头/清洗间/消毒间/保洁间；⑩信息调控区，主要包括各类系统的控制和监控。

第三节 按餐饮品种布局

按餐饮品种划分，中央厨房分为蔬菜类加工区域、肉类加工区域、调料类加工区域、米饭类加工区域、面点类加工区域、合成熟化工作区域、冷却工作区域、分盒包装工作区域（如图2－4所示）。蔬菜类加工区域含有原料存储区和初加工区；肉类加工区域含有原料存储区、解冻区、初加工区；调料类加工区域分为调料存储区和初加工区。将蔬菜类加工区域、肉类加工区域、调料类加工区域加工完成的原料合成熟化。将合成熟化工作区域、米饭加工区域、面点加工区域烹饪好的高温食品送入冷却工作区域，达到4 ℃后，分盒后进行MAP气调保鲜包装，放入冷库储存，等待发货。

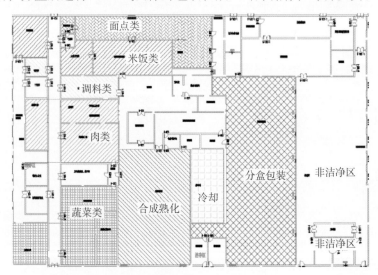

图2－4 按餐饮品种划分的区域

第四节　按洁净度布局

　　为了保障食品卫生及安全，将中央厨房分为非洁净自然空间、30 万级洁净空间、10 万级高洁净空间。原料储存区域、初加工区域及装箱区域为非洁净自然空间；熟化区域和冷却区域为 30 万级洁净空间；分盒区域和包装区域为 10 万级高洁净空间。工作人员进入非洁净自然空间可不进行消毒，进入 30 万级洁净空间需要进行一次洁净消毒，进入 10 万级高洁净空间需要进行二次洁净消毒。

第三章
中央厨房的基础建设

第一节　整体建筑要求

中央厨房的功能分为原料贮藏区域、食品加工区域、成品冷贮藏区域、发货区域、热回收处理区域、洁净水处理区域、工具贮藏区域、大型电机安装区域、参观区域、接待区域、员工通道、消防通道等。由于中央厨房是关系到食品安全的系统工程，因此在整体建筑上有较严格的要求。

一、中央厨房的选址要求

建设中央厨房要选择地势干燥、有给排水条件和电力供应的地区，不得设在易受污染的区域。须距离粪坑、污水池、暴露垃圾场

（站）、旱厕等污染源 25 m 以上，并设置在粉尘、有害气体、放射性物质和其他扩散性污染源的影响范围之外。然后，须考虑规划物流中心及中央厨房建筑场区的布局及内部工艺布局设计。

二、整体建筑的设计原则

1. 整体结构可靠稳固，具有较好的工作环境

中央厨房的楼板要求承重满足 $1.5 \ t/m^2$，因为做生产有大量的设备，须考虑楼体的跨度、层高是否有足够的位置安装两部以上的电梯或者升降机，逃生通道及消防通道应达到消防标准，楼板的混凝土质量要达到国家规定标准。

2. 考虑人流、物流、气体流向、信息流向，融合成一个流向

最大限度避免产品动线与人员动线的交叉污染，厂区车间外有足够的停车装卸位置，例如车间外的停车坪宽度最好达到 12 m 以上，以同时满足 3 部以上箱式货车的装卸停靠。原则上物流区设计流量要大于上一个单元的产量。厂区大门离交通主干道越近越好，由于辅道的道路状况差，且道路狭窄，辅道越长对运输越是不利，因此辅道的道路质量一定要好，如果辅道缺乏硬化，且不方便维护，则建议放弃。

3. 分区操作、分区卫生控制，采用三区控制

要充分考虑环保配套，将整体建筑分为污染区、清洁区、控制区。对于污染区就要求有排污许可证。油烟的处理可以通过水运烟罩和油烟净化来有效处理，固体垃圾有环卫部门，成本都不高。生产流程遵循从污染区向清洁区单方向运动的原则，最大限度避免产品动线与人员动线的交叉污染。卫生设计要贯穿工程设计的整个过程。

4. 电力能源保障充分，基本配套设施应完善

电力能源是所有能源里最清洁的能源，采用电力做主要的能源是行业整体的趋势，选址时应考虑电力充沛并且有扩容空间，一般不要考虑和门店的营业衔接，要与当地的电力部门沟通，建立可靠的电力供应网络。

5. 考虑成本因素，整体布局严谨且安排有序

详细布置设计阶段须对各作业区内部所使用的各种设施、设备器具、作业场所、车间通道等进行详细布置和安排。设置具有与供应品种、数量相适应的粗加工、切配、烹调、面点制作、食品冷却、食品包装、待配送食品贮存、工用具清洗消毒等加工操作场所，以及食品库房、更衣室、清洁工具存放场所等。各项设计以满足场所设置、布局、分隔、面积的各项要求为准，不宜过度开发，以节约成本。

第二节　天花板的装修

天花板是关系到中央厨房的内部外观的关键所在，也是中央厨房质量的重要观察点。如果存在质量问题，天花板可能起缝、掉落，使细菌在此滋生，影响外观，甚至影响食品卫生安全，故天花板装修时应注意以下事宜。

（1）中央厨房装修注意安装防水铝扣板，以避免天花板加湿，且尽量不要有明显的接缝。

（2）将壁柜直接连接到天花板，因为天花板很容易凝结水蒸气或烟灰，间隙会滋生细菌和灰尘等。

（3）天花板不应太高或太低，太高容易使温度、湿度难以保证，太低会造成设备操作和安装不方便等现象。

（4）天花板外不能暴露电线、气管、水管等，一定要采取暗线以防火。

（5）中央厨房的天花板材质除了无毒、无异味、不吸水外，最好表面光洁、耐腐蚀、耐温、浅色材料，以保证厨房外观的洁净。

（6）较容易凝结水蒸气的天花板要设计成有适当的坡度（斜坡或拱形均可）。

（7）中央厨房所有天花板要求平整，且间缝隙应严密封闭，避免包括在半成品、即食食品暴露场所，屋顶不平整的结构或有管道等情况。

（8）对于需要恒温恒湿的区域，需要在天花板的上面加盖一层PE保温板进行保温隔湿。

（9）半成品、即食食品暴露场所屋顶若为不平整的结构或有管道通过，应加设平整易于清洁的吊顶（吊顶间缝隙应严密封闭）。

第三节　地坪建设

自流坪是利用无溶剂、粒子致密的厚浆型环氧地坪涂料，在倒入地面后，根据地面的高低不平顺势流动，对地面进行自动找平的地面装修工艺技术。自流坪解决了地板安装因地面不平造成间隙、凹凸不平等问题。自流坪建设分为地面素地处理、地面底涂、地面中涂、地面批土、地面面涂5个部分，环氧防滑地坪就是环氧地坪中添加具有一定防滑性能填料以达到防滑目的的地坪。

一、 自流坪地面的做法

1. 自流坪地面素地处理

（1）在基本地面上先铺上一层水泥砂浆（约 15 mm 厚），用来打底，使基础素地以水泥粉光面或磨石地为准。

（2）对于要求恒温恒湿的区域，在自流坪地面素地处理后，加层 PE 保温板进行保温隔湿。

（3）养护 28 天后，水分需 8% 以下，去除施工素地不平或空鼓之处，使其保持平整。

（4）清除素地的油污，保持施工素地之干燥和清洁。

2. 自流坪地面底涂层

（1）按照干粉高光水泥：水 ＝ 1 : 0.5 的比例形成涂料，并搅拌均匀后，使黏度适中。

（2）在素地面处理完成后，清除素地面的杂物、黏附物等，在 4 小时以内完成全面底涂层处理，以保证地面的干燥均匀性。

（3）底涂层养生硬化时间需 8 小时以上，以保证硬化的充分性。

3. 自流坪地面中涂层

（1）将混合完成的树脂适量加入石英砂，充分搅拌主剂及硬化剂，使它们混合均匀。

（2）清除地面底涂层的杂物和黏附物，使用镘刀将材料均匀涂布。

（3）均匀涂布需 30 分钟以内施工完成，以保证地面的干燥均匀性。

（4）中涂层养生硬化时间需 8 小时以上，以保证硬化的充分性。

4. 自流坪地面批土层

（1）依照正确比例生成主剂及硬化剂的混合物，并搅拌均匀。

（2）清除地面中涂层的杂物和黏附物，使用批刀将材料涂布均匀。

（3）地面批土需 30 分钟内施工完成，以保证地面的干燥均匀性。

（4）批土层养生硬化时间需 8 小时以上，以保证硬化的充分性。

（5）地面批土层要求达到平整无孔洞、无批刀印及砂磨印。

（6）自流坪地面底涂层、自流坪地面中涂层、自流坪地面批土层的厚度总和一般在 5mm 左右。

5. 自流坪地面面涂层

（1）将无溶剂、粒子致密的厚浆型环氧地坪涂料搅拌均匀。

（2）清除地面批土层的杂物和黏附物，将混合物倒入地面后，根据地面的高低不平顺势流动，对地面进行自动找平。

（3）使用滚筒或镘刀将材料均匀涂布，再用放气滚筒放气，待其自流，表面凝结后，不用再涂抹，施工完成需在 30 分钟以内。

（4）施工完成后，关闭所有通风窗户和门，保证不通风，使其自然干燥，24 小时后可上人，72 小时后方可重压（以 25 ℃为准，低温时关闭时间需适度延长）。

二、注意事项

（1）自流坪浇灌前，使用 CCM 水分测试仪，使地基含水率小于 3%（自流坪厂商要求保持施土前地表干燥）。

（2）使用硬度刻画器，用锋利的凿子快速交叉切划表面，确保地面批土层的硬度。

（3）使用平整度测试仪，检测地面批土层表面 2 m 以内的平整度，要求检验，空隙不应大于 2 mm。

（4）地面批土层的高度差异不能太大，避免出现光靠自流坪较难自动找平的现象。

（5）避免地面批土层上有大的裂缝，使自流坪中含有水分或通过缝隙渗透到楼下。

（6）一定要严格按照自流坪水泥的使用说明来兑水，如果前后水泥砂浆中的水分不一致时，因水分收缩挥发的时间不同，极有可能导致地面开裂，甚至起壳。

（7）在施工的过程中，还要注意"消泡"，避免做好的水泥自流坪出现白点（如图 3 - 1 所示）。

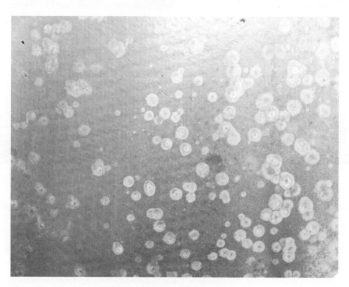

图 3 - 1　自流坪表面白点

（8）施工对温度要求比较高，太冷太热都不适合，10～25 ℃比较好。

（9）施工完毕后一定不要通风，让它自然阴干，避免风使地面吹皱，努力达到如图3-2所示的良好效果。

（10）自流坪工艺不管如何操作，由于热胀冷缩、液态凝结成固态等原因，基本上都会产生裂纹，质量好的自流坪裂纹会小一点。

图3-2　自流平完成后的地面（整洁、卫生）

第四节　地漏及线性排水沟建设

地漏是连接排水管道系统与室内地面的重要接口，在中央厨房安装地漏是保障生产车间干燥的关键措施，其执行国家标准《地漏》（GB/T 27710—2011），主要有防堵塞、防臭气、防病毒、防蟑螂、防返水等作用。

一、地漏的材质

市面上的地漏材质有不锈钢、黄铜、PVC 等。

二、地漏的种类及特点

1. 传统水封地漏

传统水封地漏是钟罩式的结构，像一个扣碗扣在下水管口上，形成一个 U 形的存水弯道，以达到阻隔臭味的效果。

优点：便宜，广泛用于毛坯房建筑商自带产品。

缺点：自清能力差，容易堵塞，不易清理，排水速度慢。

2. 偏心块式下翻板地漏

用一个密封垫片，一边用销子固定，加一个铅块，利用重力偏心原理来密封。这种结构刚开始是横式的，后来又演化出立式的、立式带水封的。排水时，垫片在水压作用下打开，排水结束后，垫片在铅块重力作用下闭合。

优点：便宜，容易生产。

缺点：①垫片是机械结构，封闭不严；②销钉容易损坏；③翻板容易卡顿不复位；④基本解决不了返味问题。

3. 弹簧式地漏

用弹簧拉伸密封芯下端的密封垫来密封，地漏内无水或水少时，密封垫被弹簧向上拉伸，封闭管道；当地漏内的水达到一定高度，水的重力超过弹簧弹力时，弹簧被水向下压迫，密封垫打开，自动排水。

优点：在弹簧没有失效之前，防臭效果还是不错的。

缺点：①弹簧由硼铁制成，长期接触污水极易锈蚀，导致弹性减弱、失效，寿命不长；②弹簧容易缠绕毛发，影响垫片回弹；③垫片是机械结构，封闭不严；④需要经常清洗或更换，否则根本起不到防臭效果。

4．吸铁石式地漏

这种地漏的结构类似弹簧，用两块磁铁的磁力吸合密封垫来密封。当水压大于磁力时，密封垫向下打开排水，排水结束；当水压减小、小于磁力时，磁铁块吸合，密封垫向上拉升。

优点：其塑料材质芯可加工成不同类型。

缺点：①由于地面污水水质很差，如洗刷物品、刷地等各种原因，会含有一些铁质杂质吸附在吸铁石上，一段时间后，杂质层就会导致密封垫无法闭合，起不到防臭作用；②磁力会逐渐减弱，直到消失，影响密封垫的上下开启闭合，容易失灵。

5．重力式地漏

不需要水封，不使用弹簧、磁铁等外力，利用水流自身重力和地漏内部浮球的平衡关系，自动开闭密封盖板。这种模式和弹簧式地漏类似，只是把弹力转换成浮力带动机械拉力。

优点：过滤网一体式不容易丢。

缺点：①地漏芯内部有螺旋式机械件，长期在污水中工作会锈蚀或淤积泥沙，阻碍浮力球上下移动，影响排水、防臭、防菌；②密封盖板也会因为淤积毛发、泥沙，导致密封不严，影响防臭、防菌。

6. 硅胶式地漏

用两片较薄的硅胶或底部开口的硅胶袋来密封。排水时，硅胶底部被水冲开；排水结束后，硅胶底部因自身弹力作用，开口因残留水分自动贴合，达到防臭效果。

优点：硅胶抗老化性能及自身弹性好，防臭性能良好，排水也快。

缺点：通常情况下，硅胶机械开合是不耐用的。

7. 新式水封式地漏

水封地漏是利用储水腔体里的钟罩或套管装置，形成 N 形或 U 形储水弯道，依靠水封来隔绝排水管道内的臭气和病菌，达到防臭效果。

优点：长期使用不会坏，不存在机械原理，效果好。

缺点：不锈钢材质芯成本较高。

三、地漏安装

高铁中央厨房中用水量大，环境较为复杂，需要有较好防臭气和病菌效果的地漏，故一般情况下选择新式水封式地漏，地漏有网眼孔径小于 6 mm 的金属隔栅或网罩。在完成自流坪地面中涂层处理后设有 1% ~ 2% 的坡度，排水的流向由高清洁操作区流向低清洁操作区。地漏为高封地漏，地漏箅子表面应低于地面 5 mm。

在地坪上铺设耐磨不渗水的材料，在中间加入地漏。安装完成后，地漏最高面低于自流坪地面面涂层，以便漏水。

在初加工、熟化、冷却的场所，需要经常清洗消毒，故设定长方形的地漏（如图 3 - 3 所示）；在原料仓库、冷库、辅助工具储存区域，一般用圆形的地漏（如图 3 - 4 所示）。

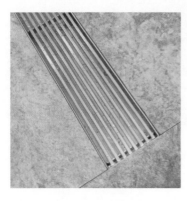

图 3 - 3　长方形地漏　　　　图 3 - 4　圆形地漏

四、线性排水沟

在中央厨房生产过程中，初加工区域、熟化区域往往产生大量的杂物、油需要冲洗，有时有大量的杂质，如菜叶、菜根等，容易堵塞地漏，故应采用二级排水系统，即线性排水沟 + 地漏。

1. 线性排水沟的优点

（1）线性排水沟是由模块化系统不同的规格组成，能应对各种建筑排水的需求，不会出现局部积水现象。

（2）线性排水沟材质为树脂混凝土，具有重量轻、抗老化、抗冻、抗腐蚀性强、承重力强、表面光滑、渗透率为零等特点。

（3）独特的 U 形的设计使其截面能够有效增大排水能力、增强自净功能（如图 3 - 5 所示）。

（4）线性的设计给人很直观的线性观感，简洁统一，线性排水沟连续截水、排水效率极高，并且在安装、检修方面更方便，它的施工挖沟深度浅、找坡简单、易于施工、安装施工速度快，能够确保工期。

图3-5 线性排水沟

（5）作为一个出口，液滴箱本身还配备了一个专门的垃圾拦截篮，能有效地过滤垃圾；线性排水沟的垃圾拦截篮间距较大，而地漏的金属隔栅小于6 mm，在有大量排水任务和杂质的区域，线性排水沟的垃圾拦截篮可实现第一次过滤大垃圾，地漏的金属隔栅可实现第二次过滤小垃圾。

（6）线性排水沟上面的垃圾拦截篮为活动安装，必要时可抬起，进行必要的维护。

2. 线性排水沟的施工步骤

（1）开挖基槽排水沟承载能力与构筑排水沟地基基槽有着直接的关系。一定承载要求的排水沟，必须坐落在相应尺寸的混凝土基槽上。基槽的开挖尺寸，应当以排水沟设计放置位置为基准，排水沟底部向下、两侧翼向左右各预留一定空间，用于浇筑混凝土基础，以达到排水沟的承载要求。

（2）用于浇筑基槽底的水泥混凝土应符合承载等级要求。需要注意的是，基槽底基应按设计要求制作小引水斜坡。引水坡由高至低，指向系统的排水出口。

（3）地漏安装在线性排水沟的垃圾拦截篮下面，但处于排水沟上面。铺设排水沟的原则是首先铺设排水系统出水口处的排水沟。如果排水系统出水口设计与市政排水系统连接，则首选铺设与市政排水系统连接的集水井，然后按逆水流方向铺设排水沟、集水井（此处集水井指设计为清污、检修功能的集水井）。如果排水系统设计直接排放至自然沟渠，则首选铺设与排放沟渠相连的集水井或排水沟，然后按逆水流方向铺设排水沟、集水井。铺放排水沟、集水井盖板时为避免浇筑排水沟、集水井两侧边翼混凝土给沟体施加压力，在给沟体侧边翼浇筑混凝土前，要先铺放盖板。

（4）浇筑排水沟时，用混凝土浇筑整段排水沟两侧边翼和侧边翼。混凝土浇筑的高度，要使线性排水沟的最大高度低于地坪高度5 mm。需要注意的是，在混凝土浇筑过程中，避免排水沟、集水井产生左右位移，避免混凝土渗入相邻沟体之间的接缝中。

（5）排水沟交接口卡缝防水处理。如果排水沟道需要严格防水，建议使用沥青硅胶（防水密封胶）均匀涂抹在相邻排水沟接口卡缝处（残余的密封胶须清理干净，不然会影响到后期的排水功能）。

（6）清洁排水沟体、固定盖板排水系统正式使用前，必须先将排水沟盖板、集水井盖板取下，认真清理排水沟、集水井内的杂物，确认沟体畅通无阻后，放回盖板并紧固。

第五节　墙面及墙角的要求

一、墙面施工

为了减少中央厨房的细菌滋生，内部不挥发有毒气体，中央厨房的墙面施工工艺较为严格，主要步骤如下：清理墙面→刷第一遍乳胶漆→刮腻子→修补墙面→刷第二遍乳胶漆→刷第三遍乳胶漆→铺贴新型库板。

注意事项：

（1）墙面一定要清理干净，不得有油污等。要使用耐水腻子，比例为：聚醋酸乙烯乳液∶水泥∶水 = 1∶5∶1。

（2）壁板采用新型库板，内部填充 PU 材料，表面光滑、美观，同时也杜绝了温度流失（如图 3 - 6 所示）。

（3）基层处理干净，各黏结层黏结强度要高，墙面不得空鼓，以免瓷砖脱落。

（4）墙面须采用无毒、无异味、不透水、平滑、不易积垢的浅色材料。

（5）新型库板的关键参数为：$\lambda = 0.021 \sim 0.12$ kcal/（m·H·℃）[$\lambda = 0.024\ 4 \sim 0.139\ 5$ W/（m·k）] 范围内，吸水率不大于 10%，热绝缘性能优，耐水性能好，不易燃，绿色环保，尺寸稳定性能好。

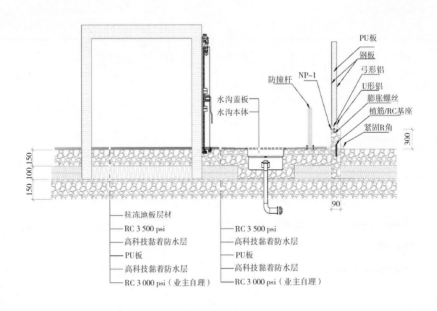

图 3-6 铺贴新型库板的工艺

二、墙角施工

天花板与墙面、墙面与地坪、墙面与墙面之间都存在墙角。墙角特别是在天花板与墙面、墙面与地坪之间的墙角，施工特别重要，是防止细菌滋生及污垢沉淀的关键部位。

所有墙角都要做成有一定弧度的 R 角，方便后期清洁，且不易积水，能有效防止微生物的滋生，达到卫生安全许可。

所有与地坪接触的墙角都要安装 304 不锈钢材质的、有一定弧度 R 角，防止新型库板受潮变形，阻止包角生锈，达到食品级卫生。

第六节　门与窗的要求

中央厨房门与窗的要求主要包含以下 3 个方面。

（1）内窗台下斜 45°以上或采用无窗台结构。

（2）门、窗装配严密。与外界直接相通的门和可开启的窗设有易拆下清洗、不生锈的纱网或空气幕，与外界直接相通的门和各类专间的门能自动关闭。

（3）粗加工、切配、烹调、工用具清洗消毒等场所、食品包装间的门须采用易清洗、不吸水的坚固材料制作。

第七节　防爆要求

中央厨房内有明火、天然气、电等，应对其进行防爆设计，防爆设计措施主要有以下几点。

（1）一般情况下，中央厨房的主体生产车间应为单层，或者是多层的顶层，顶部要有泄爆孔。

（2）泄爆孔面积应不小于楼板面积的 15%，要设置泄压构配件，如轻质屋顶、轻质外墙和泄压窗等，如透明的琉璃，这样既可以增加内部采光，又可以起到泄爆的作用。

（3）爆炸时往往酿成火灾，防爆建筑物应具有较高的耐火等级：单层建筑不低于二级，多层建筑应为一级。

（4）中央厨房应设有安全疏散用的出入口，一般应不少于 2

个，并须满足安全疏散距离和疏散宽度等要求。

（5）为消除电气照明设备开关或运行时产生的电火花，应选用防爆电动机、防爆照明器和防爆电路；为消除静电的火花，有关设备应设接地装置和使用导电性润滑剂。

（6）为消除建筑物附近的雷击闪电的火花，应安装避雷装置。

（7）为消除火花引起的爆炸，一是建筑的顶层应采用不发生火花的沥青砂浆或菱苦土等地面，二是采用符合防爆要求的电气设备，三是采取良好的通风排气措施等。

（8）在关键防爆区域配备室内外消防给水系统，火灾危险性大的地方还须按规范分别设置自动喷水灭火设备、雨淋灭火设备等。

（9）在工厂总平面设计中，将有爆炸危险的厂房、仓库集中在一个区段，并与其他区段保持适当的距离，如工厂应靠近郊区；将有爆炸危险的厂房、仓库布置在厂区边缘；利用地形和自然屏障，将它们布置在山沟内。

第八节　热能回收系统建设

热能回收方式主要有热导热、热导电和朗肯循环三种。第一种是热导热，是发动机排出的热量直接以热量形式回收利用，即EHRS；第二种是热导电，是发动机排出的热量经过热电材料之后会产生微电流，把这些电量储存起来；第三种是朗肯（Rankine）循环，朗肯循环有两种输出形式，一种是将热量转换成机械能，另一种是将它带上一个发电机，完成机械能转换成电能输出。

中央厨房在餐饮熟化、冷库制冷、空调制冷时产生大量的热，主要包括蒸煮的蒸馏水、熟化的设备、冷库的末端设备、空调的末端设备，这些设备产生的热能除达到目标外，还有大部分的热量被排出中央厨房，这样既不节约能源，又会使全球温度升高，产生"温室效应"。根据国家《公共建筑节能设计标准》（GB 50189—2015）、《通风空调系统运行管理规范》（GB 50365—2019）等规定，要求设置热能回收装置。因此热能回收是中央厨房必须考虑的一个课题，这对减少全年的能源消耗量、降低运行费用、减少温室气体的排放、对环境造成污染，都有较好的用处。

目前热能回收的方式有转轮换热式、热管换热式、板式显热换热式、板翅式全热换热式、中间热媒式等，其各有优缺点（如表3-1所示）。综合上述特点，中央厨房采用热管换热式较为合适。

表3-1　不同热能回收方式优缺点比较

热能回收方式	效率	设备费	维护保养	辅助设备	占用空间	交叉污染	自身耗能	接管灵活	抗冻能力	使用寿命
转轮换热式	高	高	中	无	大	有	有	差	差	中
热管换热式	较高	中	易	无	中	无	无	中	好	优
板式显热换热式	低	低	中	无	大	有	无	差	中	良
板翅式全热换热式	较高	中	中	无	大	有	无	差	中	中
中间热媒式	低	低	中	有	中	无	多	好	中	良

H. Jouhara 等系统研究了热管技术的发展历程，提出了热管技术的发展方向。Ahmadzadehtalatapeh 以空调系统的运行为研究对象，设计出热管式热能回收装置，通过对比发现其可大幅度减少能量损耗。Chaoling Han 研究了中温热管换热器的性能，建立了热管换热器的数学模型，通过温度场、流场的分布分析，获得单一热管的传热特性。Y. H. Diaoa、L. Liang 等建立了小型平板热能回收装置

的数学模型，分析了不同的室内外温度、风量、流速对热能回收性能的影响，使夏季热能回收效率达 57.9%，冬季热能回收效率达70.6%。韦中师设计了一款新的装置，通过改变系数确定新排风量，来调节新风量从而减少新风能耗。

通过分析建立中央厨房热源，建立热能回收系统布局图，研究热能回收的热交换过程，利用热管回收热能原理，节约中央厨房的能源，使中央厨房获得稳定有效的热水，且服务于中央厨房的清洁和消毒。

一、 中央厨房热能回收系统布局

1. 整体布局

中央厨房的热能回收是通过管道内的冷水吸收多余热量，实现热量的转移。中央厨房热能回收系统分为三段：加热段、传热段和输送段。在加热段，水管的管壁吸收大量的热量；在传热段，水管的管壁热量传递给水管里的冷水，使冷水加热，此段水管的水靠近水管壁的部分水温高于水管中心的温度；在输送段，将热水传递到下一个工位，此段水管的水通过热传递，使温度达到均匀。在流体压力差和密度差的共同作用下，输送段水管的水温度低于传热段的水温；在毛细动力作用下，克服流动过程的阻力；在泵的作用下，水管的水实现向前运输，直达热水箱，实现水的循环加热。

如图 3-7 所示是中央厨房的热能回收系统布局图。冷水箱的水在泵 1 的作用下流向热水箱，在泵 2 和单向节流阀 1 的作用下，热水箱的水流向蒸馏汽热能回收处，经过熟化设备热能回收处，以及冷库末端设备处、空调末端设备处，最后在泵 3 或泵 4 的作用下，回到热水箱内，完成热管回收的整个过程。

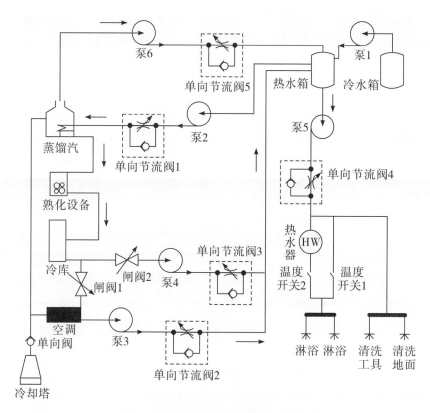

图 3 - 7　中央厨房的热能回收系统布局图

2. 工作过程

（1）在泵 1 的作用下，水从冷水箱流向热水箱。当热水箱的水低于最低位时，泵 1 自动向热水箱里加水；当热水箱的水高于最高位时，泵 1 停止工作。

（2）在泵 2 的作用下，水通过水管流经单向节流阀 1，经过蒸馏汽的设备热源后，流向熟化设备热能回收处上方，并经过冷库末端设备回收热量。

（3）当外界温度高于室内温度时，室内空调需要开启制冷模式，此时闸阀 2 关闭，闸阀 1 开启，水通过水管流向空调末端设备热源回收热量，在泵 3 的作用下，经过单向节流阀 2 的作用，流入热水箱，完成整个的利用热管回收热量的过程。

（4）当外界温度低于室内温度时，室内空调开启制热模式，此时闸阀 1 关闭，闸阀 2 开启，在泵 4 的作用下，经过单向节流阀 3 的作用，流入热水箱，完成整个利用热管回收热量的过程。

（5）蒸馏汽完成工作后，在泵 6 的作用下，经过单向节流阀 5 的作用，流入热水箱，当水面超过热水箱最高位时，泵 6 自动停止工作。

（6）泵 6 工作与否是以蒸馏汽的水是否还要用为标准，如果用，则泵 6 不工作；如果不用，则泵 6 工作。

（7）各设备通过热能回收后产生的冷凝水集中回到冷却塔中，通过排水管道直接排入市政管道。

（8）当需要用到热水箱中的水时，泵 5 开始工作，经过单向节流阀 4 的作用，流向用户，用户包括淋浴和清洗物品等。

（9）当水管的水温达到指定温度时，温度开关 1 开启，温度开关 2 关闭，中央厨房人员可利用热能回收的水直接淋浴。

（10）当水管的水温达不到指定温度时，温度开关 1 关闭，水经过水管流向热水器，经热水器加热后，达到温度开关 2 的温度时，中央厨房的人员才可利用此水进行淋浴。

（11）在清洁中央厨房的工具、地面等时，可直接利用热水箱中的温水清洗。

（12）热能回收系统的水管是封闭的循环管道，从热水箱流向需要回收热量的热源，经加热后，水回到热水箱。

（13）水管经过任何热源时，为了更好地吸收更多热源的热量，需要将水管设计为迂回的 S 形，以更好地回收热能。

3. 热回管道设计

用热管换热式进行热能回收时，热管的受热面积越大，热能回收的效果越好。为了增加热水管的受热面积，最好将热能回收设备处的水管设为 S 形（如图 3 - 8 所示）。

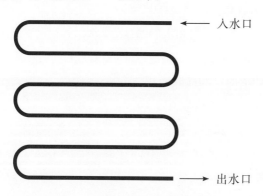

入水口

出水口

图 3 - 8　热能回收设备处的水管形状

二、热量交换分析

1. 热管回收的数学模型

设备释放的总热量为 Q_1，实际被 S 形水管吸收的热量为 Q_2，水管里的水所吸收的热量为 Q_3

$$Q_3 = \eta_2 Q_2 = \eta_1 \eta_2 Q_1$$

根据能量守恒定律得

$$q = \frac{Q_3}{\rho t_u C_p \ (t_2 - t_1)} \quad\quad (1)$$

$$q = nus_1$$

$$s_1 = \frac{\pi d^2}{4}$$

$$q = n \cdot \frac{\pi d^2}{4} \cdot u \qquad (2)$$

式中：

η_1——热源设备到水管的热量转化率；

η_2——水管到水的热量转化率；

ρ——平均温度下饱和水的密度，kg/m^3；

q——单位时间内水的流量，m^3/s；

s_1——管道内径的横截面积，m^2；

Q_1——释放的总热量，J；

Q_2——热能吸收的热量，J；

C_p——冷却水平均温度下的比热，$[J/（kg \cdot ℃）]$，$C_p = 4\,174\,J/（kg \cdot m^3）$；

t_u——加热时间，s；

n——加热管道的根数；

d——加热管道的直径，m；

u——水的流速，m/s。

锅加热到底有多少热量被吸收与锅的高度、受热面积有关。

根据热传导方程得

$$q_p = k\frac{\Delta t}{\Delta x}$$

$$\Delta t = t_2 - t_1 = \frac{q_p \Delta x}{k} \qquad (3)$$

式中：

k——热传导系数，$W/（m \cdot ℃）$；

Δx——传导热量的物质的两个端面间的距离，m；

Δt——两端面间的温差，℃；

q_p——导热热流密度，单位时间通过单位面积的热量，$J/（m^2 \cdot s）$。

由于水管是呈 S 形的，且只一半吸引热源的热量，产生热能回收，另一半不吸引热源的热量。每根管道吸收热源部分的面积

$$s_2 = \frac{\pi d}{2} \cdot l$$

水通过水管实现热管回收的热量

$$Q_3 = q_\rho s_2 t_u \qquad (4)$$

式中：

l——管道的长度，mm；

d——管道的内直径，mm。

以蒸馏汽的热能回收为例，结合式（1）~（3），可得产生热能回收水的体积为：

$$V_1 = ut_u \frac{\pi d^2}{4} = \frac{kQ_3}{nq_\rho C_\rho p \Delta x} \qquad (5)$$

其中，V_1——蒸馏汽的热能回收热水量。

结合式（4）和式（5），使热管回收的水升温 Δt 时，通过 t_u 时间后水流经 S 形水管，产生的热水体积为

$$V_1 = \frac{K \pi d l t_u}{2 n q_\rho C_\rho P \Delta x} \qquad (6)$$

$$Q_{31} = \frac{n \pi u t_u d^2 q_\rho C_\rho \rho \Delta x}{4k} \qquad (7)$$

其中，Q_{31} 为蒸馏汽的热能回收的热量。

2. 其他热源分析

其他热源热能回收的数学模型与蒸馏水的热能回收相同，借鉴式（6）可获得熟化设备、冷库末端设备和空调末端设备等热源的热能回收水体积 V_2、V_3、V_4，以及相应热能回收的热量 Q_{32}、Q_{33}、Q_{34}，从而获得中央厨房通过热能回收系统产生的总热水量为 $V = V_1 + V_2 + V_3 + V_4$，回收到的总热量为 $Q = Q_{31} + Q_{32} + Q_{33} + Q_{34}$。

3．热能回收效率分析

在热能回收过程中，水在加热时，形成层流和湍流现象。层流时，水以直线形态平稳流过，只有靠近加热一侧的管道壁的冷水参与了热交换，而中心处的水直接流过，不参与热交换，此时热能回收效果较差；湍流时，水在管道内呈涡漩翻滚的流动状态，水管内大部分水都参与了热交换，热效果较好。因此，热能回收时需要水管里的水处于湍流状态。判断圆管内冷却水流动状态的指标为雷诺数 Re。

$$Re = \frac{ud}{v} \tag{8}$$

其中，v 为水的运动黏度。

自然温度下，水的运动黏度 $v = 0.805 \times 10^{-6}$ m^2/s。中央厨房的所有热水管均采用 304 不锈钢无缝钢管，类型选为 DN20 的水管，其外径为 25 mm，内径为 20 mm。根据计算，对于圆管的水流雷诺数大于 2 300 时层流转湍流。要使流雷诺数大于它，由式（8）可得，水管里水的流速 $u \geq 0.092\ 5$ m/s 才能保证其在水管里是湍流状态。在中央厨房实际运用中，为了保证热管回收的效果，确保水管的水能及时快速地形成热交换，达到吸收更多热量的目的，建议 $u \geq 1.5$ m/s。

三、 热能回收能量应用

中央厨房利用热管回收原理，回收了大量热量，将产生的热水用到需要的地方，包括淋浴和清洗物品等区域。在使用热能回收水的区域，需要安装双温水龙头，方便使用者根据实际情况调节冷水和热水的比例，获得合适的温度。

热能回收的热水主要用于两大空间：淋浴空间、清洁空间（如

图 3 – 9 所示)。淋浴空间包括淋浴室淋浴龙头，以及风淋室、洗手间、初加工区域、熟化区域、分装区域等洗手盆的用水；清洁空间包括初加工区域、熟化区域、分包区域等地面清洗，以及周转箱、各区域工具及设备等的清洗。

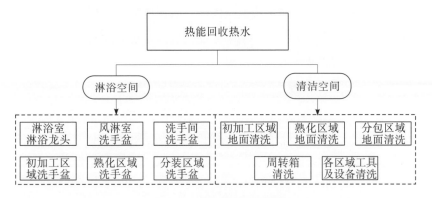

图 3 – 9　热能回收热水用途

四、 热能回收效果

以生产 2 万份/8 小时餐饮的某中央厨房为例，热能回收的热源点较多，员工人数为 100 人。一个人淋浴每 4 小时用水量为 50 L，洗手用水量为 5 L，每人每天以 8 小时算，100 人一天用水量为 11 000 L。清洁周转箱、地面、工具等每 8 小时用水量达 40 000 L，总计 8 小时用热水量达 51 000 L。将这些水从 20 ℃ 加热到 40 ℃，在不考虑热损耗的情况下，需要 1 190 kW · h 的电能，而这些电能可以随时用于加热水。建设中央厨房的热能回收系统后，不但可以减少热排放，降低中央厨房使用能源的耗量，而且确保能随时用到热水，保证生产的正常顺利进行。

在需要蒸汽加热的工业生产过程中，经常会产生大量的凝结水，凝结水在冷却过程中，又会产生一定量的闪蒸汽。此方法是用废蒸汽来加热水，然后供给工业生产或生活使用。常采用喷射式混合加热器回收废蒸汽的热力系统。

间接供热式采暖系统是将供热系统分为两个循环回路，分别称为一次网和二次网，通过换热站内的表面式换热器将两个循环回路联系在一起。高温水在一次网中循环，低温水在二次网中循环，高温水通过表面式换热器加热低温水。

第九节　供水系统建设

在中央厨房使用过程中，使用到三部分的水，即纯净水、自来水和蒸馏水。

纯净水指的是不含杂质的 H_2O，是纯洁、干净，不含有杂质或细菌，如有机污染物、无机盐、任何添加剂和各类杂质的水，是以符合生活饮用水卫生标准的水为原水。通过电渗析器法、离子交换器法、反渗透法、蒸馏法及其他适当的加工方法制得而成，密封于容器内，且不含任何添加物，无色透明，可直接饮用。市场上出售的太空水、蒸馏水均为纯净水。

蒸馏水是利用蒸馏设备使水蒸气汽化，然后使水蒸气凝结成水，虽然除去了重金属离子，但也除去了人体所需要的微量元素。由于水的低沸点有机物挥发后随水蒸气的冷凝也同时凝结回到水里，故没有除去低沸点的有机物。长期饮用蒸馏水不仅会引起缺乏某些微量元素，而且将有些有机物也饮入体内，不利于身体健康，故中央厨房不宜使用蒸馏水为常规饮用水。

中央厨房的纯净水制作工艺为：原水→砂滤→碳滤→保安过滤→一级反渗透→二级反渗透→紫外线杀菌→用水（如图3－10所示）。

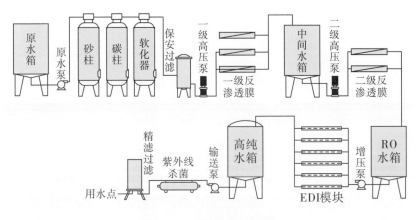

图3－10　纯净水工艺流程

中央厨房熟化烹饪时的米饭蒸煮，肉类熟化、蔬菜熟化过程等需要纯净水；冲洗地面、洗手等清洁用水一般直接用自来水。

在中央厨房外部设立4套供水系统，即纯净水发生系统、自来水系统、热水供应系统、热水回收系统。

纯净水发生系统安装在中央厨房的外部，将其与热水供应系统相连接，热水供应系统在锅炉加热后，经保温管道运输到熟化工作区域，用于米饭类、面点类的食品的熟化用水，使用完后回收到热水回收系统中。

自来水系统直接来自市政管道，用于在初加工区域、清洁区域等清洗蔬菜、肉类等原料，清洗工具箱和地面，使用完成后，直接排入工业污水管道，经过处理后经市政污水管道排出。

热水回收系统是一套单独的水系统，是利用热量回收系统使水加热，以及蒸煮时产生的蒸馏水汇集在一起，存入保温箱中，然后通过管道运输到初加工区域、熟化加工区域、分装及包装区域等有油渍的地方，用于清洗地面，另外用于员工的淋浴、洗手等，使用完成后，直接排入工业污水管道，经过处理后入市政污水管道排出。

第十节　仓库建设

中央厨房的仓库有五大类：肉类仓库、蔬菜类仓库、面点和米类仓库、辅料仓库、周转箱等杂物仓库。肉类仓库设有冰箱等；其他仓库内设货架，货架分为上、下两层，颗粒状数量多的物料用大麻袋装着堆放在下层货架上，体积相对小的物料放在上层货架上，需标注好货架号，以便查找。

一、仓库布局的原则

（1）货物在出入库须单向和直线运动，避免逆向操作和大幅度改变方向的低效率运作，仓内货物应按发送、中转、到达货物分区存放，并分线设置货位，以防事故的发生。

（2）采用高效率的物料搬运设备及操作流程，在物料搬运设备大小、类型、转弯半径的限制下，尽量减少通道所占用的空间。

（3）在仓库里采用有效的存储计划。

（4）仓库位置应便于货物的入库、装卸和提取，库内区域应划分明确、布局合理。

（5）仓库应配置必要的安全、消防设施，以保证安全生产。

二、仓库温度和温度

（1）肉类仓库的温度控制在 - 18 ℃ 。

（2）蔬菜类仓库的温度控制在 4 ℃ ，湿度控制在 50% 。

（3）面点和米类仓库以及辅料仓库的温度控制在 10 ℃ ，湿度控制在 50% 。

（4）其他区域仓库的温度为常温，湿度也不做要求。

三、食品仓库管理

（1）货品一定得全部放置在垫板上，绝不允许出现货品直接放置在地面上的情况，保证"物以类聚"原则，同类食品码放在一起，不允许出现混放、错放的情况。

（2）对仓库内的食品需要定期检查，一旦发现有霉变、包装破损、胀气等情况，及时将其处理到专门码放变质食品的区域，然后进行登记。

（3）食品的出库要保证"先入先出"的原则，以减少出现食品过期变质的情况。

（4）退换货处理的食品，工作人员需要做好区分，把存在质量问题的货品放置在专属的放置区域，不允许出现将有质量问题的货品和良好货品混放的情况。

（5）保持仓库内卫生清洁，空气流通。

四、周转箱仓库管理

（1）周转箱应使用抗折、抗老化、承载强度大的材料，要求拉伸强度、压缩强度高，抗撕裂，反抗温度高等，且轻巧、耐用、可堆叠。周转箱容积 1 L 的载荷在 1 ~ 100 kg 内，从 1.5 m 高度自由落下不严重变形、不开裂。

（2）周转箱分为保温类和非保温类两种类型。所有周转箱的外观规格相同，并加盖防尘，耐油污、抗冲击，无钉无刺，无毒无味，易冲洗消毒，外形美观大方。

（3）周转箱的尺寸设计制作能做到多箱重叠，可有效利用厂房空间，增大零部件储存量，节约生产成本。

第四章
中央厨房的内部装饰

第一节 通排风设计

一、 中央厨房的通排风标准

中央厨房有大量的空间，需要有合格的通排风设计。中央厨房的通排风设计应遵循《采暖通风与空气调节设计规范》（GB 50019—2003）、《通风与空调工程施工质量验收规范》（GB 50243—2016）、《建设工程施工现场供用电安全规范》（GB 50194—2014）、《压缩机、风机、泵安装工程施工及验收规范》（GB 50275—2010）、《电气装置安装工程低压电器施工及验收规范》（GB 50254—2014）、《大气污染物综合排放标准》（GB 16297—1996）、《环境空气质量标准》（GB 3095—2012）、《城市区域环境噪声标准》（GB 3096—2008）、《建筑设计防火规范》（GB 50016—2018）、《公共建筑节能设计标准》（GB 50189—2019）等。

二、 设计原则

（1）中央厨房的排风量较大，在室外应设置新风补风系统，并计入新风负荷。

（2）根据《科研建筑设计标准》规定，每个排风装置宜设独立的排风系统。工作时间连续使用排风系统的实验室应设置送风系统，送风量宜为排风量的70%，并应根据工艺要求对送风进行空气净化处理。对于采暖地区，冬季应对送风进行加热。

（3）所有从中央厨房提出的气体均直接排出室外，而不能循环利用，排风口都安装在屋顶上。

（4）中央厨房内部原则可以不要求100%的新风，以减少能耗。

（5）排风柜的排风量应确保工作窗口的风速大于或等于0.5 m/s，排风管内速度不应大于10 m/s。

（6）总排风量折合房间换气次数每小时应大于或等于6次，全面换气排出35%。

（7）中央厨房中的冷却工作区域和包装工作区域不得采用循环空气（回风）。

（8）每个排风系统的排风柜数量不宜超过4个（减小风道断面积）。

（9）食品烹调场所采用机械排风，产生油烟或大量蒸汽的设备上部，加设附有机械排风及油烟过滤的排气装置，过滤器应便于清洗和更换。

（10）排风口装有网眼孔径小于 6 mm 的金属隔栅或网罩，保障外部无大杂物从排风口进入。

三、厨房通风量计算

中央厨房设计的通风量由两部分组成，即局部排风量和全面排风量（如图 4-1 所示）。局部排风量应以选用的灶具和厨房排风罩的情况综合计算确定，全面排风量一般按计算结果确定。

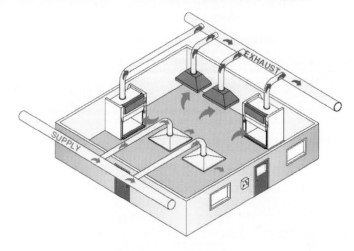

图 4-1　通排风模型

1．通风量的计算

机械通风的换气量应通过热平衡计算求利，其计算公式为

$$L = \frac{Q}{0.337 \ (t_p - t_i)} \tag{1}$$

式中：

L——必需的通风量，m^3/h；

t_p——室内排风计算温度，℃，可采用下列数值：夏季 35 ℃，冬季 15 ℃；

t_i——室内通风计算温度，℃；

Q——厨房内的总发热量，W。

$$Q = Q_1 + Q_2 + Q_3 + Q_4 \qquad (2)$$

式中：

Q_1——厨房设备散热量，W，按工艺提供数据计算，如无资料时，可参考文献；

Q_2——操作人员散热量，W；

Q_3——照明灯具散热量，W；

Q_4——室内外围护结构的冷负荷，W。

2. 局部排风量的计算

局部排风量按排风罩面的吸入风速计算，其最小排风量为

$$L = 1\,000\,P \cdot H$$

式中：

L——排风罩排风量，$\mathrm{m^3/L}$；

P——罩子的周边长（靠墙的边长不计），m；

H——罩口至灶面的距离，m。

3. 厨房通风量的估算

在总结工程设计及使用的基础上，设计人员可按如下通风次数进行估算：

中餐厨房 $n = 40 \sim 50$ 次/h；

西餐厨房 $n = 30 \sim 40$ 次/h。

在估算出的通风量中，局部排风量按 65% 考虑，全面排风量按 35% 考虑。

四、局部排风部位规范

中餐厨房烹调时的发热量和排烟量一般较大，排风量也较大，排气罩一般选用抽油烟罩。为减轻油烟对环境的影响，可选用消洗烟罩。

熟化车间对新风的要求较低，但排风效果一定要好。排气排出的主要是水蒸气，可以不通过净化装置直接排出。

五、补风规范

在中央厨房通风中，要补充一定数量的新风，送风量应按排风量的80%～90%考虑。

中央厨房内负压值不应大于5 Pa，因负压过大，炉膛会倒风，可将补风量的30%作为岗位送风，送风口直接均匀布置在排气罩前侧上方。中央厨房送风可直接利用室外新风，仅设置粗效过滤器。厨房用具发散的热量与空气调节冷却负荷的关系，可用下式计算：

灶具热源为煤气的场合：

$$q_c = q_e F_1 F_2 \approx 0.1 q_e \tag{3}$$

灶具热源为使用电及蒸汽的场合：

$$q_c = q_e F_1 F_2 / F_3 \approx 0.16 q_e \tag{4}$$

式中：

q_c——厨房空调冷负荷，kW；

q_e——厨房设备散热量，kW；

F_1——设备同时使用系数，取0.5；

F_2——设备输入功率中表面辐射热的比例，取0.32；

F_3——排风排热系数，取1.6。

六、 系统布置

1. 送风方式

送风系统应为直流方式，厨房的通风系统宜采用变速风机或关联风机进行送排风。

2. 送排风口布置

中央厨房内送排风口的布置应按灶具的具体位置加以考虑，不要让送风射流扰乱灶具的通排风性能。确定送风出口的出口风速时，在距地 2 m 左右时的区域风速小于 0. 25 m/s 较为理想。送风口应沿排风罩方向布置，距离风罩前方最小 0. 7 m，而排风口距排风罩越远越好。

3. 机房、风机及风管的布置

中央厨房的排风机宜设在屋顶层，这可以使风道内处于负压状态，避免气味外溢。

厨房的排风机一般应选用离心风机，厨房的排风管应尽量避免过长的水平风道。厨房的排风竖井最好与排烟道靠在一起以加大抽力。

4. 防火、排烟

中央厨房设计的排气系统宜按防火分区划分，尽量不穿过防火墙，穿过时应装防火阀。厨房通风系统的管道应采用不燃烧材料制成。

七、 施工方法

施工流程：施工准备→孔洞的开凿、测量→风管制作→风管安装→风管漏风检查→风口安装→风管及设备防尘→风管吹扫→系统调试。以下是各环节的具体要求。

1. 壁板孔洞的开凿要求

孔洞的开凿位置正确，洞口大小符合设计及规范要求，洞口应光滑完整无破损。

2. 套管设置要求

（1）通风管道穿楼面、屋面及墙体均需设置套管，套管管径比管道大 100 mm，长度根据所穿构筑物的厚度及管径尺寸确定。

（2）穿墙套管应保证两端与墙面平齐，穿楼板套管应使下部与楼板平齐，套管环缝应均匀，用油麻填塞，外部用腻子或密封胶封堵。

（3）当管道穿越防火分区时，套管的环缝应该用防火胶泥等防火材料进行有效封堵。

（4）套管不能直接和主筋焊接，应采取附加筋形式，附加筋和主筋焊接使套管只能在轴内移动。

（5）套管内外表面及两端口需做防腐处理，端口要平整。

3. 风管支吊架的制作安装

（1）风管支吊架按照标准图集及验收规范、用料规格和做法制作。

（2）支吊架在制作前，首先要对型钢进行矫正，小型钢材采用冷矫正，较大的型钢须加热到 900 ℃左右后进行矫正。

（3）矫正的顺序为先矫正扭曲、后矫正弯曲，钢材的切断及打孔不得使用氧乙炔焰。

（4）吊架安装前，核对风管坐标位置和标高，找出风管走向和位置，按风管的中心线找出吊杆安装位置，单吊杆在风管的中心线上，双吊杆可按托架的螺孔间距或风管的中心线对称安装。

（5）风管较长要安装成排支架时，先把两端安好，然后以两端的支架为基准，用拉线法找出中间各支架的标高进行安装。

4. 送、回风管和其他管线的设置要求

送、回风管和其他管线应暗敷，设置技术夹层、技术夹道或地沟等，设置技术竖井，其形式、尺寸和构造应符合风道、管线的安装、检修和防火要求。

第二节　恒温恒湿设计

中央厨房里即食、冷藏、冷冻的食品偏多，温度关系着微生物的生长和繁殖。中央厨房冷却区域和冷库的温度为 10 ℃，湿度控制在 30%，其他室内区域的温度常年为 26 ℃ 恒温，湿度控制在 50%。

一、恒温恒湿误差标准

（1）对于恒温空间，在设定值时的温度误差有 4 个标准：①温度误差 ≤ ±0.2 ℃；②温度误差 ≤ ±0.5 ℃；③温度误差 ≤ ±1 ℃；④温度误差 ≥ ±1 ℃。

（2）对于恒湿空间，相对于湿度（对空气中水分的含量）有 3 个标准：①湿度误差 ≤ ±1%；②湿度误差 ≤ ±3%；③湿度误差 ≤ ±5%。

二、建设要求

（1）恒温恒湿房的装修：要求有严格的保温隔湿性能，顶和底面采用 PE 保温板进行保温隔湿处理；对于透视窗，要求采用双层真空玻璃窗。

（2）恒温恒湿房的空调：要求空调能调节制冷量，一般采用变频调节和冷冻水调节的方式。

（3）新风系统：通过送新风保持室内正气压，避免外界空气直接进入恒温恒湿空间，确保温湿度稳定。

（4）室内净空高度为 2.35 ~ 2.70 m，要求无窗，尽量减少门的数量。

三、换气控制

为了满足室内恒温恒湿精度的要求，恒温恒湿空调房间的换气次数有一定的要求，±2 ℃ 的恒温室，换气次数为 10 ~ 15 次/h；±1 ℃ 的恒温室，换气次数为 15 ~ 20 次/h；±0.5 ℃ 的恒温室，换气次数约 > 20 次/h；±0.2 ℃ 的恒温室，换气次数约 > 30 次/h。中央厨房的空气流动速度在 0.25m/s 左右，采用全孔板和局部孔板送风，下部均匀回风，温度控制在 ±2 ℃ 及 ±1 ℃。

四、温湿度影响因素

（1）空调选择不当。常见精密空调品牌较多，对温度和湿度的要求不高，温度波动范围多在 ±2 ℃，湿度波动范围多在 ±5%，对于温湿度要求更高的中央厨房而言，普通精密空调显然不能达到使用要求，需选择高精密恒温恒湿空调。

（2）环境隔断。对中央厨房环境内的温湿度影响较大的因素就是与外界的热交换，应尽可能缩小阳光直射的范围。环境内可配缓冲间。

（3）送新风。新风的温湿度对环境的温湿度会产生较大影响，送新风系统的设计对恒温恒湿环境有着至关重要的作用。

（4）人员和设备因素。综合考虑较多人员的走动、发热仪器设备等易影响恒温恒湿环境的因素，可建设恒温恒湿实验房，尽可能地避免产生过多的热交换。

五、 恒温恒湿位置要求

（1）中央厨房的恒温恒湿房要求外观洁净，周围有明显的防振源。

（2）恒温恒湿房宜集中布置，空调机房一般应布置在恒温恒湿房的附近，路线不宜过长。

第三节 洁净度设计

中央厨房的洁净度要符合《洁净厂房设计规范》（GB 50073—2013）的要求。

（1）应符合产品加工工艺，使人流、物流、气流、废弃物流顺畅。

（2）人员进入车间，须进行一次、二次更衣和风淋、洗手、消毒，不可直接进入车间。

（3）操作人员直接到达各自的操作区域，避免清洁区与污染区人员动线相互交叉。

（4）避免污染物和非污染物的动线相互交叉。

（5）避免生、熟品之间的相互交叉。

（6）加大清洁区空气压力，防止污染区空气向清洁区倒流。

（7）气流从低温区向高温区流动。

一、洁净室行业发展状况

20 世纪 60 年代，随着单向流（unidirectional flow）洁净空气流组织方案的提出和应用于实际工程，美国空军指令 TO－00－25－203 首次把洁净室划分为三个级别（100 000 级、10 000 级、100 级），并作为美国联邦标准 FED－STD－209 的颁布。

20 世纪 70 年代初期，洁净室的建设重点开始转向医疗、制药、食品及生化等行业，并在美国以外的其他工业化国家得到了大规模运用。20 世纪七八十年代大规模 IC 半导体工业的发展、90 年代光电行业和生物制药行业的兴起，使洁净室技术水平得到迅速提高。2008 年国际金融危机过后，全球电子信息、医药医疗、航空航天等高新技术产业迅速恢复和发展，在很大程度上激发了世界洁净室工程行业的市场潜力。2007 年全球洁净室工程行业市场规模为 1 085.69 亿元，经历 2008 年行业增长率短暂下滑后整体回暖，2013 年全球洁净室工程市场规模已达到 2 523.20 亿元，比 2012 年增长 14.62%。

欧、美、日等发达国家的工程技术水平较为先进，洁净室的发展历史较长，建造技术及工艺均达到了较高水平。例如，美国的 IDC 和 Bechtel、澳大利亚的 Bovis Lend Lease、法国的 Technip、德国的 M＋W、日本的五洲大气社等都是世界知名的建造洁净室的工程服务公司。

1965 年，中国建筑科学研究院空气调节研究所和蚌埠绝缘材料厂等单位研制的带波纹隔板的空气过滤器通过鉴定，标志着我国洁净技术正式起步。洁净技术在发展的早期，主要运用于军工行业，随着经济发展的需要逐渐运用到医疗、化工、电子等行业。受益于产业转移和我国制造业的自动化和智能化的发展，电子产业、新能源产业在国内得到了快速发展，航空航天等高新技术产业亦增长迅速；新版 GMP 标准的实施和我国医疗卫生体制改革进程的深入，带动了国内医药制造产能的快速增长，扩大了医药制造行业对洁净厂房升级改造的需求。

目前，我国行业内技术优越且具有承接大项目实力与经验的企业较少，小规模的企业较多，小企业不具备开展国际业务和大型高等级洁净室项目的能力。行业内目前呈现出高等级洁净室工程市场集中度较高、低等级洁净室工程市场较为分散的竞争格局。根据中国电子学会综合测算，2007 年中国无尘室工程行业整体市场规模为 217.14 亿元，尽管其间受 2008 年国际金融危机的影响，部分下游行业需求下降，波及洁净室工程行业，但 2009 年下半年受国家发布《电子信息产业调整和振兴规划》以及电子信息产品市场需求释放等因素的影响，下游行业对洁净室的需求有所恢复，洁净室工程行业市场整体回暖，保持了稳定的增长趋势，到 2013 年整个洁净室工程行业市场规模已达到 529.56 亿元，比 2012 年增长了 22.47%。

二、洁净室的建设

中央厨房的洁净度分为 10 万级和 30 万级两种，10 万级换气参数为 ≥15 次/h；而 30 万级换气参数则为 ≥10 次/h。中央厨房的洁净车间是指将一定空间范围内之空气中的微粒子、有害空气、细菌等污染物排除，并将室内的温度、洁净度、室内压力、气流速度与气流分布、噪声振动及照明、静电等控制在某一需求范围内。如图4-2所示是中央厨房30万级洁净度区。

图4-2 中央厨房30万级洁净度区

（1）主体结构宜采用大空间及大跨度柱网，不宜采用内墙承重体系。

（2）洁净厂房围护结构的材料选型应符合保温、隔热、防火、防潮、少产尘等要求。

（3）洁净室内的密闭门应朝空气洁净度较高的房间开启，并应加设闭门器，无窗洁净室的密闭门上宜设观察窗。

（4）洁净室门窗、墙壁、顶棚、地（楼）面及施工缝隙均应采取可靠的密闭措施，不宜设窗台。

（5）室内顶棚和墙面表面材料的光反射系数宜为 0.6 ~ 0.8，地面表面材料的光反射系数宜为 0.15 ~ 0.35。

（6）从微生物允许数量看，10 万级净化沉降菌（cfu/皿）为 10，而 30 万级净化沉降菌（cfu/皿）为 30。

第四节　消防设计

中央厨房的建筑应满足《建筑设计防火规范》（GB 50016—2014）、《饮食建筑设计标准》（JGJ 64—2017），以及相应的系统类技术规范标准的要求。

一、建筑要求

（1）厨房有明火的加工区应采用耐火极限不低于 2.0 h 的防火隔墙与其他部位分隔，隔墙上的门窗应采用乙级防火门窗。

（2）厨房有明火的加工区（间）上层有餐厅或其他用房时，其外墙开口上方应设置宽度不小于 1.0 m、长度不小于开口宽度的防火挑檐，或在建筑外墙上、下层开口之间设置高度不小于 1.2 m 的实体墙。

（3）建筑面积大于 200 m² 的营业厅、餐厅等人员密集的场所应设置疏散照明系统。

（4）中央厨房内部应设有安全出口不少于 2 个，且任意点至最近疏散门或安全出口的直线距离不应大于 30 m；当疏散门不能直通室外地面或疏散楼梯间时，应采用长度不大于 10 m 的疏散走道通至最近的安全出口；当该场所设置自动喷水灭火系统时，室内任意点至最近安全出口的安全疏散距离可分别增加 25%。

二、配套设备要求

（1）在机械排烟、防烟系统，雨淋或预作用系统，应采用自动喷水灭火系统；在固定消防水炮灭火系统、气体灭火系统等需与火灾自动报警系统联动的场所或部位，应设置火灾自动报警系统。

（2）所有排油烟罩及烹饪部位应设置自动灭火装置，并应在燃气或燃油管道上设置与自动灭火装置联动的自动切断装置。

（3）应设置供继续工作的备用照明，初加工区域、熟化区域、冷却区域、包装区域、安全出口通道等主要区域其照度不应低于正常照明的 1/5，其他区域的照度不应低于正常照明的 1/10。

第五节　冷库设计

中央厨房的冷库设计应遵守《冷库设计规范》（GB 50072—2010）。由于中央厨房的特殊性，故对装修及选址有一定的要求。

一、 冷库的管道要求

（1）铜管管径的选择应严格按照压缩机吸排气阀门接口选择，当冷凝器与压缩机分离超过 3 m 时应加大管路直径。

（2）冷凝器吸风面与墙壁保持 400 mm 以上距离，出风口与障碍物保持 3 m 以上距离。

（3）在制作调节站时，每根出液管应锯成 45°斜口，插入底端，进液管插入调节站管径的 1/4 处。

（4）排气管和回气管应有一定坡度，冷凝器位置高于压缩机时，排气管应坡向冷凝器并在压缩机排气口处加装液环，防止停机后气体冷却液化回流到高压排气口处，再次启动机器时造成液压缩。

（5）制冷管路焊接时要留有排污口，从高、低压用氮气进行分段吹污，分段吹污完成后进行全系统吹污直至不见任何污物方为合格。

（6）在全系统焊接完毕后，要进行气密性实验，高压端充氮 1.8 MP，低压端充氮 1.2 MP。在充压期间用肥皂水进行检漏，仔细检查各焊口、法兰和阀门，完成后保证 24 小时不掉压。

二、 管道布置

中央厨房的冷却管道一般采用氟利昂管道，其制冷的主要特点是与润滑油互相溶解，因此，必须保证从每台制冷压缩机带出的润滑油在经过冷凝器、蒸发器和一系列设备、管道之后，能全部回到制冷压缩机的曲轴箱里（如图 4-3 所示）。

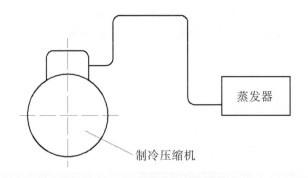

蒸发器

制冷压缩机

图 4 – 3　氟利昂管道布置图

中央厨房的冷却管道材料为紫铜管或无缝钢管，一般管径在 20 mm以下时用紫铜管，管径较大时用无缝钢管。冷却管道包括吸气管、排气管、冷凝器至贮液器之间的管道、冷凝器或贮液器至蒸发器之间的管道四种，具有一定的布管原则。

1．吸气管

（1）压缩机的吸气管应有不小于0.01的坡度，坡向压缩机。

（2）当蒸发器高于制冷压缩机时，为了防止停机时液态制冷剂从蒸发器流入压缩机，蒸发器回气管应先向上弯曲至蒸发器的最高点，再向下通至压缩机。

（3）压缩机并联运转时，回到每台制冷压缩机的润滑油不一定和从该台压缩机带走的润滑油油量相等，因此，必须在曲轴箱上装有均压管和油平衡管，使回油较多的制冷压缩机曲轴箱里的油通过油平衡管流入回油较少的压缩机中。

（4）上升吸气立管的氟利昂气体必须具有一定的流速，确保把润滑油带回压缩机内。

（5）在变负荷工作的系统中，为了保证低负荷时也能回油，可用两根上升立管，两管之间用一个集油弯头连接，制作时两根管子均应从上部与水平管相接。

（6）多组蒸发器的回气支管接至同一吸气总管时，应根据蒸发器与制冷压缩机的相对位置采取不同的方法处理。

（7）饱和蒸发温度的变化值不应大于 1 ℃。

2. 排气管

（1）为了防止润滑油或可能冷凝下来的液体流回压缩机，制冷压缩机的排气管应有 0.01 ~ 0.02 的坡度，坡向油分离器或冷凝器。

（2）在不用油分离器时，如果压缩机低于冷凝器，排气管道应设计成一个 U 形弯管，以防止冷凝的液体制冷剂和润滑油反流回制冷压缩机。

（3）饱和蒸发温度的变化值应在 0.5 ~ 1 ℃范围内。

3. 冷凝器至贮液器之间的管道

（1）冷凝器至贮液器之间的管道连接方法有两种。

（2）直通式贮液器的接管管径大小就按满负荷运行时液体流速不大于 0.5 m/s 来选择。

（3）贮液器的进液阀最好采用角阀（阻力较小）。

（4）贮液器应低于冷凝器，角阀中心与冷凝器出液口的距离应不少于 200 mm。

（5）采用直通式贮液器时，从冷凝器出来的过冷液体进入贮液器后将失去过冷度。

（6）波动式贮液器的顶部有一平衡管与冷凝器顶部连通，液体制冷剂从贮液器底部进出，以调节和稳定制冷剂循环量。

（7）从冷凝器出来的液体制冷剂，可以直接通过液管到达膨胀阀。

（8）冷凝器与波动式储液器的高差应大于 300 mm。

4. 冷凝器或贮液器至蒸发器之间的管道

（1）为避免自贮液器的供液管与压缩机的吸气管贴在一起，在它们之间加隔热材料保温。

（2）蒸发器位于冷凝器或贮液器下面时，如液管上不装设电磁阀，则液体管道应设有倒 U 形液封，其高度应不小于 2 m。

（3）直接蒸发式空气冷却器的空气流动方向应使热空气与蒸发器出口排管接触。

（4）在压力损失允许的条件下，冷却排管可以串接，用热力膨胀阀供液的氟利昂冷却排管，一般采用上进下出形式以保证回油。

制冷管道一般采用焊接连接，在管道与设备或阀件之间可用法兰连接，但注意不得使用天然橡胶垫料，也不能涂矿物油，必要时可涂甘油。管径在 20 mm 以下的紫铜管需拆卸部位采用带螺纹和喇叭口的接头丝扣连接。

三、冷库门要求

（1）冷库门要求采用预制组合的绝热板件，以凹凸结合的方式连接，便于在工地现场施工组合、拆卸、移位及增减库容数量。

（2）冷库门的凹凸结合方式可利用二次锁紧技术，提高结合处的强度和绝热性。

（3）冷库门结合四周采用 2.0 mm 不锈钢包边焊接整体框架，保证冷库门久用不变形；冷库门门框、门槛和门扇均有 2 套电加热防冻装置，四周加热线配合加热绝对防潮及防结霜。

（4）冷库门上带有安全装置，方便遇到危险时人员逃出。

（5）该组合式冷库配气压均衡阀：在低温冷库中，用于平衡在开门或融霜时冷库内外的气压差。

四、冷库门的材料要求

冷库门按开的方式分为平开门、平移门、对开门、升降门等，按驱动方式分为手动门、电动门。

（1）门的材料一般采用不锈钢和彩钢板，中央厨房的门一般采用不锈铁钢门，用 PU 做芯材，这样开闭轻松。用特制聚乙烯做滑动轮，用耐低温 TPE 橡胶做密封圈，主件模铸不锈钢，铝合金浮开沉闭导轨，开启轻便，密封良好，光洁漂亮，耐腐耐用。

（2）加装防撞板，门板厚度有 50 mm、75 mm、100 mm、120 mm、150 mm、200 mm 六种类型。

（3）－1 ℃以下加装电加热丝系统，适用于 －85 ~ +85 ℃的保温库房。

五、冷库温度的设计

中央厨房主要是利用制冷机为冷库内物品达到贮藏温度要求，温度一般是 0 ~ +5 ℃或 －5 ~ －18 ℃。根据需要，对各区域的温度要求各有不同，具体温度要求如表 4 - 1 所示。

表 4 - 1　中央厨房冷却温度要求一览表

序号	冷库区域	温度要求
1	包装车间冷库	10 ℃
2	预冷间	4 ℃
3	成品冷库	－ 18 ℃
4	原料肉类库存	－ 18 ℃
5	原料蔬菜冷库	4 ℃
6	食品检测室冷库	10 ℃

第六节　给水及排水设计

中央厨房的给水及排水应遵循《建筑给水排水设计规范》［GB 50015—2003（2019 年版）］、《建筑设计防火规范》［GB 50016—2014（2018 年版）］、《消防给水及消火栓系统技术规范》（GB 50974—2014）、《自动喷水灭火系统设计规范》［GB 50084—2001（2017 年版）］、《建筑灭火器配置设计规范》（GB 50140—2005）、《民用建筑水灭火系统设计规程》（DGJ 08 - 94—2007）、《民用建筑节水设计标准》（GB 50555—2010）、《城镇给水排水技术规范》（GB 50788—2012）、《建筑机电工程抗震设计规范》（GB 50981—2014）等。

一、给水管道要求

（1）管道均采用热镀锌钢管丝扣连接，或根据当地要求采用合格 PVC 管材。

（2）管道穿越外墙须安装刚性防水套管，管径比其穿越管大两号，采用油麻填充。

（3）镀锌钢管对镀锌表面缺损处涂防锈漆，支架、吊架均采用金属，安装前涂刷防锈漆。

（4）管道采用难燃性高发泡聚乙烯（PEF）管壳做防结露，保温厚度为 20 mm，外紧密缠珍珠塑带两层。

（5）室内给水系统管道安装完毕应进行水压试验，先灌水验压力，10 分钟压力降不超过 0.05 MPa，然后试验降至工作压力，保持压力处观不渗漏为合格。

（6）车间内生产用水的供水管应采用不易生锈的管材，供水方向应逆加工进程方向，即由清洁区流向非清洁区。

（7）车间内的供水管路应尽量统一走向，冷水管要避免从操作台上方通过，以免冷凝水凝集滴落到产品上。

二、管道材料

1．室内给水管

室内给水立管、水表前管道、中央厨房内管道采用钢塑复合管，管箍或丝扣连接；支管采用 PPR 管，热熔连接。

2．消防管、喷淋管

消防管、喷淋管采用内外壁热镀锌钢管，DN > 50 mm 沟槽式连接，DN ≤ 50 mm 螺纹连接。

3．排水管（雨、污水管）

室内排水立管采用 UPVC 螺旋降噪排水立管，支管和通气管均采用普通 UPVC 排水管，空调冷凝水管采用 UPVC 排水管。

三、污水系统要求

（1）管材采用工程机制排水铸铁管，水泥捻口，安装前必须清除表面污垢，除锈、涂防腐漆。

（2）厨房采用 DN 200 mm 铸铁管，10 m 以内，弯头处设 DN 200 mm 清扫口。

（3）卫生间主管道采用 DN 150 mm 铸铁管，在末端各设一个清扫口。

（4）所有地漏、小便斗、脸盆，均设 DN 70 mm 铸铁管，墩布池设 DN 50 mm 镀锌钢管，丝扣连接，养鱼池采用 DN 50 mm PVC 排水管，每个养鱼池设 PVC 出水口加堵。

（5）排水立、托吊管选用定型加长管件，水平管道接采用 TY 形、Y 形三通，立管底部与主干管连接处采用 TY 形三通，立管底部管道拐弯处采用双 45°弯头连接。

（6）排水立管检查口距地或楼板面 1.0 m，管道安装的清扫口均采用铜堵盖。

（7）设于吊顶内的排水管道，用高压岩棉壳处缠珍珠塑带进行保温，以防结露。

（8）厨区、卫生间排水后，室外设隔油池 YC、化粪池，通过它们连接政府排污管道。

（9）车间排水的地漏要有防固形物进入的措施，畜禽加工厂的浸烫打毛间应采用明沟，以便清除羽毛和污水。

（10）排水沟的出口要有防鼠网罩，车间的地漏或排水沟的出口应使用 U 形、P 形或 S 形等有存水弯的水封，以防虫防臭。

第五章
餐饮加工设备的集成

第一节　食品清洗加工设备
（洗菜机、洗碗机）

中央厨房常见的食品清洗加工设备有全自动连续式叶菜类清洗线、全自动连续式根茎类清洗线、自动翻转洗菜机、翻转漂烫清洗机、气泡清洗机、自动洗锅机等，它们的功能是完成中央厨房初加工的清洗。

一、全自动连续式叶菜类清洗线

1. 工作原理

将前道整理、去杂、切割等工序完毕的蔬菜，在第一道清洗槽中使用鼓泡、涡流、冲浪高压喷淋、毛刷辊去杂去毛、强力清洗等去毛去杂清洗后。再经过第二段鼓泡、冲浪、毛刷辊去杂去毛，同时通过过滤排污装置等可使小虫、小杂物等杂质浮起排除，从而使蔬菜更洁净、更清脆，并延长蔬菜的存储时间，然后将带有水的蔬菜振动脱水后再做最后的筛选，即可自动装筐、称重、包装入库。

2. 特点

应用强力鼓泡、水流冲浪、翻转、高压喷淋清洗，速度快，产能大，清洗能力强，清洗彻底且不损伤蔬菜，清洗的蔬菜更清脆，鲜度更好，保存期更长。整条清洗线采用食品级输送网带，符合国家食品卫生标准。

3. 图片与参数

全自动连续式叶菜类清洗线见图 5-1，其主要参数见表 5-1。

图 5-1 全自动连续式叶菜类清洗线

表 5-1 主要参数表

产品名称	全自动连续式叶菜类清洗线	
外形尺寸	14 500 mm × 2 400 mm × 2 000 mm	21 000 mm × 5 000 mm × 2 000 mm
产量	1 000 kg/h	2 000 kg/h
功率	13. 15 kW	19. 55 kW

二、 全自动连续式根茎类清洗线

1．工作原理

根茎洗菜机采用直列式尼龙手刷入料清洗，将球根类蔬菜边清洗边去皮；检视输送机操作人员再进行挑拣、修整；通过预洗机到切丁机将蔬果类切成相应的丁块、丝条状，规格大小可通过刀具进行更换调整；再将切成后的丁块、丝条状等进行净水冲洗，使蔬果更洁净、更清脆，并延长蔬菜的储存时间；最后将有多余水的蔬菜振动脱水后再做最后的筛选，即可送至磅秤称重、装篮、入库。

2．特点

利用根茎脱皮清洗机的去皮清洗，检视机的整理挑拣，切丁机的切配加工等生产线式配合完成，速度快，产能大，切出的蔬菜外形一致，鲜度更好，保存期更长，清洗能力强，清洗彻底且不损伤蔬菜；整条清洗线采用食品级输送网带，符合国家食品卫生标准。操作简单，去污彻底，适用性强。

3．参数与图片

全自动连续式根茎类清洗线见图 5-2，其主要参数见表 5-2。

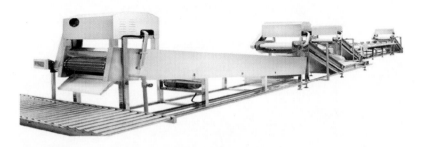

图 5-2　全自动连续式根茎类清洗线

表 5 - 2 主要参数表

产品名称	全自动连续根茎类清洗线	
外形尺寸	11 000 mm × 2 700 mm × 1 880 mm	21 000 mm × 2 700 mm × 1 880 mm
产量	1 000 kg/h	1 500 kg/h
功率	4. 5 kW	9. 5 kW

三、自动翻转洗菜机

1. 工作原理

本设备由不锈钢洗菜槽、不锈钢机架、不锈钢沥水筐、翻转装置、鼓泡清洗系统、涡流清洗系统、自动控制系统等组成，采用高压气体产生鼓泡，循环水冲浪，臭氧杀菌，通过提升高压喷水四重清洗。在翻转装置的作用下，借助过滤除杂装置，把蔬菜上面粘连的烂叶、菜渣和毛发等杂质清理掉，清理掉的杂质通过过滤网溢水口流出到副水槽，流出口处有滤肉隔离网装置，完成自动翻转洗菜。本设备可清洗各种蔬菜、瓜果、肉类等，也可用于解冻和漂烫。

2. 特点

应用鼓泡、涡流、翻转、高压喷淋等清洗，清洗彻底，能连续作业，处理量大，采用臭氧杀菌的功能，使清洗彻底且不损伤蔬菜，达到节水节能、省人省力、使用方便快捷的目的。

3. 图片与参数

自动翻转洗菜机见图 5 – 3，其主要参数见表 5 – 3。

图 5 – 3 自动翻转洗菜机

表 5 – 3 主要参数表

产品名称	自动翻转洗菜机
外形尺寸	1 720 mm × 870 mm × 1 200 mm
进水	DN 15 mm
排水	DN 32 mm
出口高度	850 mm
产量	300 ~ 500 kg/h
功率	2. 58 kW

四、翻转漂烫清洗机

1. 工作原理

本设备主要由 PLC 控制系统、电动控制翻转控制系统、不锈钢机架、不锈钢水槽、翻转洗涤筐、鼓泡清洗系统、涡流清洗系统及加热或冷却系统等组成。对叶菜类、根茎类、球根类果蔬、木耳、香菇及海产、海带、中药等均可进行连续清洗、漂烫、冷却等。

2.特点

采用多斗同时翻转连续化作业，通过 PLC 自动控制系统和电动翻转控制系统，每个洗涤缸可设置不同的温度和时间，应用鼓泡、涡流、多斗连续翻转、高压喷淋等清洗形式，达到不损伤蔬菜的同时快速清洗的目的。

3.图片与参数

翻转漂烫清洗机见图5-4，其主要参数见表5-4。

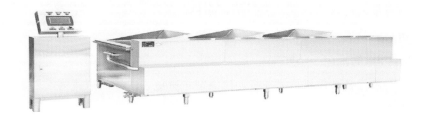

图 5-4 翻转漂烫清洗机

表 5-4 主要参数表

名称	两斗翻转洗菜漂烫机	三斗翻转洗菜漂烫机	四斗翻转洗菜漂烫机
外形尺寸	2 250 mm × 1 530 mm × 1 000 mm	3 100 mm × 1 530 mm × 1 000 mm	3 927 mm × 1 530 mm × 1 000 mm
产量	200 kg/h	300 kg/h	400 kg/h
蒸汽接口	DN 25 mm	2 - DN 25 mm	3 - DN 25 mm
蒸汽压力	0.1 ~ 0.3 MPa		
蒸汽耗量	200 kg/h	300 kg/h	400 kg/h
功率	4.5 kW	6.5 kW	8 kW

五、气泡清洗机

1. 工作原理

气泡清洗机采用高压气体产生鼓泡、循环水泵冲浪和提升高压喷水进行三重清洗，适用于片类蔬菜的清洗，有效分离蔬菜上面黏附的泥沙、杂质。清洗过程喷淋和高压喷嘴持续供水，供水量可调，方便客户根据蔬菜处理量及清洁程度进行灵活调节。设备中设有气泡发生装置，使物料呈翻滚状态，去除产品表面农残功效，同时可加入适量的药剂，进行消毒固色，漂浮物可以从溢流槽溢出，沉淀物从出口排出，以达到清洗的目的。

2. 特点

本设备不需要再添加任何洗涤剂，避免了洗涤剂给蔬菜水果带来的二次污染，既安全又经济实惠。本机设有隔菜板，将清洗物与洗下的泥沙有效隔离开，降低了水的浑浊度，大幅提高了清洗水循环利用率，可节约80%的清洗用水，节省了人力；操作方便，省时省力，能耗低，卫生、安全、效率高。

3. 图片与参数

气泡清洗机见图5-5，其主要参数见表5-5。

图5-5 气泡清洗机

表 5 - 5 主要参数表

产品名称	气泡清洗机
外形尺寸	3 250 mm × 940 mm × 1 280 mm
净重	220 kg
毛重	325 kg
电源	380 V/50 Hz
产量	1 500 kg/h
功率	3 kW

六、自动洗锅机

1. 工作原理

自动洗锅机由减速电机通过一对链轮传动带动输送链运动。米饭锅由翻转扒松机下来后，通过无动力辊滑到洗锅机入口处，然后人工将锅反扣在洗锅机输送链条上，随着链道的推进，循环热水进行第一级上下清洗，然后再用循环热水进行第二级上下重点清洗，最后又经冷水往上喷淋冷却后，再沿链道输送至出口，经无动力辊滑至洗米机处使用。

自动洗锅机为连续清洗，清洗能力强，对锅体进行内外冲洗。第二级水箱的循环热水经过溢流口流入第一级水箱中继续利用，最后经过溢流口排出废水，是一种先进的节能型米饭锅清洗设备。

2. 特点

自动洗锅机为米饭生产线中的主要配套设备，主要对炊饭后的锅进行清洗，循环使用，分为二槽与三槽，每槽配有 3.7 kW 的大泵，强力水压能把锅冲刷得非常干净。洗锅机出口处带传送带，避免被锅带出的水打湿地面。

自动洗锅机的主要优势如下：

（1）耐用：本机均采用优质不锈钢制造，经久耐用。

（2）清洗能力强：本机为连续清洗，清洗能力强，对锅体进行内外冲洗，最后经过溢流口排出废水。

（3）节能：水可以循环利用，加热形式为蒸汽或电加热，节能环保。

（4）外形美观、结构合理：本机主要由机架、进水系统、链条输送系统以及喷淋系统组成。

（5）操作方便灵活：本机的清洗速度可根据需要来调节。

（6）高效率：自动洗锅机洗净能力为每小时 50 套、80 套、200 套（含锅盖），链条输送速度为 1 m/min。

3．图片与参数

自动洗锅机见图 5 - 6，其主要参数见表 5 - 6。

图 5 - 6　自动洗锅机

表 5 - 6　主要参数表

产品名称	自动洗锅机
外形尺寸	600 mm × 1 140 mm × 1 360 mm
进水	DN 40 mm

续上表

产品名称	自动洗锅机
排水	DN 50 mm
进气	DN 40 mm
蒸汽消量	80 ~ 100 kg/h
功率	69.88 kW

第二节　切削加工设备

中央厨房常见的食品切削加工设备有锯骨机、切菜机、切丝机、切肉丁机、绞肉机、粉碎机等，其功能是完成中央厨房的净菜切削加工。

一、锯骨机

1. 工作原理

锯骨机由机架、电机、圆锯、平动台、电控工作板组成。锯骨机工作时利用转动的切刀刃和孔板上孔眼刃形成的剪切作用将原料肉切碎，并在螺杆挤压的作用下，将原料不断排出机外。可根据物料性质和加工要求的不同，配置相应的刀具和孔板，即可加工出不同尺寸的颗粒，以满足下道工序的工艺要求。

2. 特点

锯骨机采用锯带压力张紧装置，使锯带稳定装置，锯切时锯带稳定不会游走，整个面采用全304不锈钢材质，锯带便于安装及调整。

3. 图片与参数

锯骨机见图 5 -7，其主要参数见表 5 -7。

图 5 -7　锯骨机

表 5 -7　主要参数表

产品名称	锯骨机
外形尺寸	586 mm×560 mm×891 mm
工作台尺寸	586 mm×485 mm
通过尺寸	180 mm×230 mm
锯带长度	1 650 mm
切割速度	18.9 m/s
重量	70 kg
功率	10 kW

二、切菜机

1. 工作原理

切菜机的组成包括机架、输送带、压菜带、切片、调速箱等。

每个组成部分都有着各自的作用。切菜时利用的是半月刀盘和半月调节盘的结构，这样设计的原因就在于它的力度更高，而且更尖锐，在整体操作下来不需要更换刀片就可以很快地进行，使用不同的料斗就能够快速地完成工作，扳动道顺开关的配合之后就可以完成切片和切丝的工作，有些地方所需要的就是这样的能够将大量的食品共同处理，工作效率高，也可以保障形状或者数量上的要求，自然配合起来就会有更高的工作效率。

2. 特点

切菜机的结构效率高、干净卫生、噪声小、移动方便、易于清理，与食品接触零件均采用 304 不锈钢等防锈、耐腐蚀材料制成。广泛适用于各种根、茎、叶类蔬菜和海产品、豆制品、面片、辣椒圈等食品的切制加工，可加工片、丝、块、丁、菱形、曲线形多种形状。竖刀模拟手工切菜原理，使蔬菜加工表面平整光滑，成型规则，被切蔬菜组织完好，保持新鲜。

3. 图片与参数

切菜机见图 5 - 8，其主要参数见表 5 - 8。

图 5 - 8　切菜机

表 5 - 8 主要参数表

产品名称	切菜机
产量	120 ~ 350 kg/h
切刀转速	810 r/min
电机功率	0.75 kW
额定电压	220 V
额定频率	50 Hz

三、切丝机

1. 工作原理

切丝机主要由进料机、切丝机和驱动机等部分组成，包括刀盘和刀框。刀盘是一个直径很大的圆盘，上面有成偶数的长方形框穴，并按圆周均匀分布成辐射状，框穴中装着带有刀片的刀框，每个刀框中装有数把刀片。为便于检查和更换刀片，刀盘上方设有一个可以开启的活动盖，打开盖板即可更换刀片。工作时，输送机把经过洗涤的物料送入环形贮料筒，并填充在其环形空间中。物料的高度应大于 1.5 m。物料因自身重力而压紧在刀盘上。通常在贮料筒中还加有压料板，以维持物料对刀盘的适当压力，便于刀片的切削。

2. 特点

适用于土豆、萝卜、瓜薯类、胡萝卜、洋葱、茄子、黄瓜、蒜末以及咸菜等的切丝操作，具有维护方便、不易损坏、操作安全等特点。

3. 图片与参数

切丝机见图 5 - 9，其主要参数见表 5 - 9。

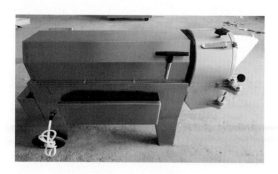

图 5 - 9 切丝机

表 5 - 9 主要参数表

产品名称	切丝机
外开尺寸	910 mm × 610 mm × 1 100 mm
重量	85 kg
功率	1. 5 kW
切丝	3 mm
产量	300 ~ 1 000 kg/h
电压	220 V/380 V

四、切肉丁机

1. 工作原理

切肉丁机有两个主要动作：推料运动与切割运动。推料运动是用推杆将切割槽内的肉料向前推向刀栅区，切割运动是将肉料切成肉丁。当前门关闭，侧压机构完成侧压运动时，相应地，两个感应开关动作，接通控制电源，油泵工作，令推杆快速前进挤压肉料，直至达到预设的预压力值，推杆变为慢速前进，刀栅及切刀开始工作，切割肉料。当推杆将推块推向最前面时，推块下方的感应开关动作，刀栅及切刀停止切割，同时推杆带动推块快速返回直至回到起始点，推块下方的另一感应开关动作，关闭油泵，推块停在原处，完成一个工作周期，再次加料，准备下一次切割。主电机经减速器带动主轴转动，主轴上的拔叉带动上刀栅、下刀栅做上下及左右往复运动，将推块推出的肉料切割成条状，再由主切刀将肉条切割成肉丁。

切肉丁机是肉类制品生产制作工艺中的一个重要设备。将肉块等主要原料，切割成用户所需要的肉丁，调整刀栅的尺寸可切出肉丝、肉片。肉丁尺寸的大小由刀栅中刀片的数量来决定。

2. 特点

切肉丁机通过调整切割厚度旋钮，使肉料推杆进行推进速度变化，以达到不同的切割厚度要求。调整预压力旋钮，可保证产品在切割过程中始终如一，调整肉料推杆为步进运动，采用单刃切割时可最大限度地减少在切割过程中对产品的挤压。切割槽一侧采用活动侧压结构，方便加料，提高工作效率。

3. 图片与参数

切肉丁机见图 5 - 10，其主要参数见表 5 - 10。

图 5 - 10　切肉丁机

表5 – 10　主要参数表

产品名称	切肉丁机
外开尺寸	1 420 mm ×780 mm ×1 000 mm
切割尺寸	5 mm、6 mm、7 mm、8 mm、9 mm、11 mm、13 mm、16 mm、20 mm、27 mm
原料最大尺寸	84 mm ×84 mm ×350 mm
电压	380 V
产量	400 ~600 kg/h
功率	3.3 kW

五、绞肉机

1. 工作原理

绞肉机是肉类加工企业在生产过程中将原料肉按不同工艺要求加工成规格不等的颗粒状肉馅的机械，广泛适用于各种香肠、火腿肠、午餐肉、丸子、咸味香精、宠物食品和其他肉制品等行业。如穗华牌绞肉机用途广泛，可将块状原料肉绞切成颗粒或肉泥，便于和其他辅料混合，以满足不同肉制品的需要。

工作时，先开机后放料，由于物料本身的重力和螺旋供料器的旋转，把物料连续地送往绞刀口进行切碎。因为螺旋供料器的螺距后面应比前面小，但螺旋轴的直径后面比前面大，这样对物料产生了一定的挤压力，这个力迫使已切碎的肉从隔板上的孔眼中排出。用于午餐肉罐头生产时，肥肉需要粗绞而瘦肉需要细绞，可以调换隔板的方式来达到粗绞与细绞之需。隔板有几种不同规格的孔眼，通常粗绞用直径为8 ~10 mm 的孔眼、细绞用直径3 ~5 mm 的孔眼。粗绞与细绞的隔板，其厚度都为10 ~12 mm 的普通钢板。由于粗绞孔径较大，排料较易，故螺旋供料器的转速可以比细绞时快些，但最大不超过 400 r/min。一般在 200~400 r/min。因为隔板上的孔眼总面积一定，即排料量一定，当供料螺旋转速太快时，使物料在切刀附近堵塞，造成负荷突然增加，对电动机有不良的影响。绞刀刃口是顺着切刀转学安装的。绞刀用工具钢制造，刀口要求锋利，使用一段时期后，刀口变钝，此时应调换新刀片或重新修磨，否则将影响切割效率，甚至使有些物料不是切碎后排出，而是由挤压、磨碎后成浆状排出，直接影响成品质量，据某厂的研究，午餐肉罐头脂肪严重析出的质量事故，往往与此有关。

装配或调换绞刀后，一定要把紧固螺母旋紧，才能保证隔板不动，否则因隔板移动和绞刀转动之间产生相对运动，也会引起对物料磨浆的作用。绞刀必须与隔板紧密贴合，不然会影响切割效率。螺旋供料器在机壁里旋转，要防止螺旋外表与机壁相碰，若稍碰撞，马上损坏机器。但它们的间隙又不能过大，过大会影响送料效率和挤压力，甚至使物料从间隙处倒流，因此这部分零部件加工和安装的要求较高。

2. 特点

绞肉机采用优质（铸铁件）或不锈钢制造，对加工物料无污染，符合食品卫生标准。刀具经特殊热处理，耐磨性能优越，使用寿命长。操作简单、拆卸组装方便，容易清洗、加工产品范围广，物料加工后能很好地保持其原有的各种营养成分，保鲜效果良好。刀具可根据实际使用要求随意进行调节或更换。

3. 图片与参数

绞肉机见图 5-11，其主要参数见表 5-11。

图 5 – 11 绞肉机

表 5 – 11 主要参数表

产品名称	绞肉机
产品型号	OT – SY22
产品尺寸	800 mm × 630 mm × 430 mm
产品电压	220 V
产品功率	2. 2 kW
整机重量	约 90 kg
产品频率	50 Hz
产品转速	1 400 r/min

六、粉碎机

1. 工作原理

粉碎机生产运作时，电机带动主轴及涡轮高速旋转（其转速最高可达 700 r/min）。涡轮与筛网圈上的磨块组成破碎、研磨，其结构紧凑。当物料由加料斗进入机腔内，物料在旋转气流中紧密地摩擦和强烈地冲击到涡轮的叶片内边上，并在叶片与磨块之间的缝隙中再次研磨。在这破碎、研磨物料的同时，涡轮吸进大量空气，这些气体起到了冷却机器、研磨物料及传送细料的作用，物料粉碎的细度取决于物料的性质和筛网尺寸，以及物料和空气的通过量。粉碎机的轴承部位装有特制的迷宫密封，可以有效地阻止粉尘进入轴承腔，从而延长了轴承的使用寿命。

2. 特点

粉碎机是将大尺寸的固体原料粉碎至要求尺寸的机械。根据被碎料或粉碎制料的尺寸可将粉碎机分为粗碎机、中碎机、细磨机、超细磨机。在粉碎过程中施加于固体的外力有压轧、剪断、冲击、研磨四种。压轧主要用在粗碎、中碎，适用于硬质料和大块料的破碎；剪断主要用在细碎，适用于韧性物料的粉碎；冲击主要用在中碎、细磨、超细磨，适用于脆性物料的粉碎；研磨主要用在细磨、超细磨，适用于小块及细颗粒的粉碎。

粉碎机的主要优势如下：

（1）它有着均匀的粉碎效果，而且速度较快，大大提高了生产效率。

（2）在粉碎机加工食品方面，食品中存在着大量水分会很大程度地影响食品的保存时间，而在电动机的转动中，产生大量的摩擦导致温度升高，可以有很大一部分水分被高温蒸发掉。

（3）根据不同的食品物料加工，要处理好物料是否会受到机械运作所产生的温度影响，譬如防止低温或冷冻粉碎机受到高温影响。而有些食品原料则需要在高速粉碎中利用一定的温度进行合理的细磨加工，从而改变食品的一些性质，使产品的质量更加优良。

（4）由于粉碎机有着较强冲击力度，在加工食品时，可以使食品物料颗粒内部更加松散，分布更加均匀。在加工过程中，就能够使产品散发出大量香气，无须添加化学香料增加它的气味。在食品的生产中，它同样具有很大的优势。

3．图片与参数

粉碎机见图 5 – 12，其主要参数见表 5 – 12。

图 5 – 12 粉碎机

表 5 – 12 主要参数表

产品名称	粉碎机
产品型号	MDC – BT – 3600B
产品尺寸	550 mm × 550 mm × 930 mm
额定功率	3 kW
用点规格	380 V
机器容量	50 L
转速	2 900 r/min
整机重量	3.5 t

第三节　熟化设备

中央厨房常见的熟化设备有炒制机、烤箱、自动搅拌炒锅、可倾式燃气汤锅、自动翻炒锅、烘焙隧道、自动连续式油炸机、自动翻转漂烫锅等，其功能是完成中央厨房切削的原材料熟化。

一、炒制机

1. 工作原理

本设备是借用加热介质，在压力作用下通过电加热器使加热腔温度升高，采用流体热力学原理均匀地带走电热元件工作中所产生的巨大热量，使被加热介质温度达到用户工艺要求。炒制机适应于各种高黏度酱料的搅拌加热蒸煮炒制，如焙烤馅料炒制业（果酱、莲蓉、豆沙、水果蓉、蜜饯、枣泥）、肉制品熟食加工业（卤味、肉酱、牛肉酱、海鲜酱）、调味品业（火锅底料、方便面酱料、香其酱）、糖果业（果酱、糖料）、蔬菜玉米加工业（香菇酱、辣椒酱）、酒店用品及快餐业（食堂熬汤、烧菜、炖肉、熬粥）等食品加工业。

2. 特点

（1）使用先进的转动与密封结构，使锅内无死角，易清洗，如金光农场糕点豆馅炒制机，锅胆使用 304 不锈钢材质，符合国际认证标准，食品炒制更安全。

（2）采用高精度、高硬度的同步齿轮，采用 20CrMnTi 经渗碳处理，磨削加工，精度达五级，齿面更耐磨，因此提高了炒锅的使用寿命，有效降低了噪声。

（3）电磁加热升温快，无污染，节能环保，安全高效，比普通电加热节电 20% ~ 30% 。

3．图片与参数

炒制机见图 5 – 13，其主要参数见表 5 – 13。

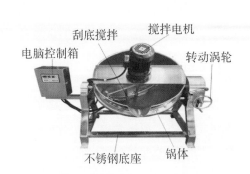

图 5 – 13　炒制机

表 5 – 13　主要参数表

容积/L	内径/mm	深度/mm	使用电压/V	搅拌功率/kW
50	600	450	220/380	0.75
100	700	500	220/380	0.75/1.1
200	800	550	380	1.1
300	900	600	380	1.1/1.5
400	1000	650	380	1.1/1.5
500	1100	700	380	1.5
600	1200	750	380	1.5/2.2

二、烤箱

1. 工作原理

烤箱是用发热器件（如电热丝、陶瓷电热、天然气燃烧等），通过对流、辐射方式烘烤食物外表，由外及内加工食物使其外焦里嫩，无论加工面食还是肉类都口感极佳，利用它还可以制作烤鸡、烤鸭，烘烤面包糕点等，根据烘烤食物的不同需要，电烤箱的温度一般可在 50～250 ℃调节。

电烤箱主要由箱体变热原件、打温器、定时器和功率调节开关等构成。其箱体主要由外壳、中隔层、内胆组成，这三层结构在内胆的前后边上形成卷边，以隔断腔体空气；在外层和腔体中，充填绝缘的膨胀珍珠岩制品，使室外温度大大降低，同时，在门的下面安装弹簧结构，使门始终压紧在门框上，使之有较好的密封性。

2. 特点

烤箱大部分热风在箱内循环，热源采用蒸汽热水电，整机噪声小，运转平稳，温度可控。

3. 图片与参数

烤箱见图 5 – 14。

图 5 – 14　烤箱

烤箱的主要参数：温度范围室温－200 ℃；温度稳定度±0.5 ℃；温度分布均匀度±2 ℃，升温时间，200℃，约 50 min。

三、自动搅拌炒锅

1．工作原理

采用搅拌均匀系统，实现传动公转与自转的不整数传动比，锅内搅拌无死角，实现自动搅拌。

2．特点

该设备制动利用液压推力使搅拌臂翻转，免拆装搅拌器，在使用液压推动倾翻锅体，采用无级变频调气，将高黏度产物均匀加热，提高热量利用率，节省人力，易于操作。

3．图片

自动搅拌炒锅见图 5－15。

图 5－15　自动搅拌炒锅

自动搅拌炒锅具有加工速度快、效率高，有配合产品独具的智能温控等。可缩短食物加工时间和周期，缩减人力资源成本，如57 kg水果糖，经糖化后15～20 min可以出锅，比燃气加热方式节省50%～60%的能源，比燃油加热方式节省60%～70%的能源。

四、可倾式燃气汤锅

1. 工作原理

可倾式燃气汤锅通过电热管加热，导热油产生热量，对锅体内物料进行加热，具有对物料进行加热加工和保温功能，温度和加热时间可设置，加工完成后由倾锅装置控制出量。

2. 特点

本设备面积大，有热效率高、加热均匀、加热时间短、加热温度容易控制、外形美观、安装容易、操作方便、安全可靠等特点。

3. 图片与参数

可倾式燃气汤锅见图5-16，其主要参数见表5-14。

图5-16 可倾式燃气汤锅

表 5 - 14　主要参数表

产品名称	可倾式燃气汤锅
外形尺寸	1 520 mm × 80 mm × 1 170 mm
锅口直径	1 010 mm
深度	790 mm
净重	150 kg
钢板厚度	3 mm
容量	300 L
燃气耗量	3.5 m³/h
燃气接头	6 分

五、自动翻炒锅

1. 工作原理

自动翻炒锅的锅体内胆为半球形，用于盛物料与通压力蒸汽，夹套为半球形，蒸汽通入夹套内加热，机座采用 A3 料成型钢焊接，外露部分由 304 不锈钢板包罩。搅拌机座安装在锅体上面，双速电机转动涡轮减速机使搅拌器与锅体充分接触，实现传动公转与自转的不整数传动比，增强独特炒制时间，可用煤气燃烧供热或电磁加热供热，物料温度采用电子监控。

2. 特点

本设备采用行星刮壁物料，锅内无搅拌死角，同时具有不粘锅特性，用于高黏度物料预煮、配制及浓缩产品，卸料由人工按逆时针旋转涡轮手轮，使锅体向前倾斜卸料。该锅采用背面集中排废气，疏水装置排冷凝蒸汽水，节省燃气达40%以上。安全稳定无明火，节能更环保。

3．参数与图片

自动翻炒锅见图5－17，其主要参数见表5－15。

图5－17　自动翻炒锅

表5－15　主要参数表

自动翻炒锅		
外形尺寸	容积/L	转动速度/rpm
1 730 mm×1 680 mm×1 780 mm	200	无级变速　自转：8~40　公转：4~20
1 740 mm×1 690 mm×1 780 mm	300	无级变速　自转：12~60　公转：8~40
1 750 mm×1 700 mm×1 780 mm	400	（双速）　自转：25~50　公转：10~20
1 760 mm×1 710 mm×1 780 mm	400	（双速）　自转：25~50　公转：10~20

六、烘焙隧道

1. 工作原理

利用远红外对炉内进行加温，内部是由陶瓷和不锈钢制作，使得红外线的光线能够照到炉内的每个角落，然后进行均匀的升温，将能量传给物体。干燥的湿物料由皮带输送机或斗式提升机送到料斗，经料斗的加料机通过加料管道进入加料端。加料管道的斜度要大于物料的自然倾角，以便物料顺利流入干燥器内。干燥器圆筒是一个与水平线略成倾斜的旋转圆筒。物料从较高一端加入，载热体由低端进入，与物料成逆流接触，也有载热体和物料一起并流进入筒体的。随着圆筒的转动物料受重力作用运行到较低的一端。湿物料在筒体内向前移动过程中，直接或间接得到了载热体的给热，使湿物料得以干燥，在出料端经皮带机或螺旋输送机送出。在筒体内壁上装有抄板，抄板把物料抄起来又撒下，使物料与气流的接触表面增大，以提高干燥速率并促进物料前进。载热体一般分为热空气、烟道气等。载热体经干燥器以后，一般需要旋风除尘器将气体内所带物料捕集下来。如需进一步减少尾气含尘量，还应经过袋式除尘器或湿法除尘器后再次排放。

2. 特点

本设备上下火单独控制，烘烤均匀，可根据产品不同烘烤时间来调节速度，采用智能化操作系统，瓦斯管道多重安全控制保护，能更好地防止误操作，保障安全，并且能够及时自动排除故障，保存记录，熄火自动处理，产量大，速度快，节省人力，可配备流水线作业。

3. 图片与参数

烘焙隧道见图 5 – 18，其主要参数见表 5 – 16。

图 5 – 18　烘焙隧道

表 5 – 16　主要参数表

名称	烘焙隧道	
类别	燃气型	电力型
外形尺寸	19 000 mm × 2 300 mm × 1 650 mm	19 000 mm × 1 980 mm × 1 600 mm
电压	380 V	
功率	(0.3 ~ 0.5) kW/m	约 11 kW/m
重量	约 650 kg/m	
内腔尺寸	1 400 mm，总长：19 000 mm	1 400 mm，总长：19 000 mm

七、自动连续式油炸机

1. 工作原理

自动连续式油炸机的工作原理是当油温达到规定值，启动传送电机，输送带开始运转，根据被炸食物设定油炸时间，并以此来调节传送链速度，油温上升，向投入口均匀地投入需炸食品（投入量最好占总面积的 50% ~ 60%），油炸食品由牵行装置牵行到输出口，再利用容器接取。

2. 特点

本设备采用网带传送，采用变频无级调速控制油炸时间；设有自动起吊系统、上罩体，网带可升降，便于清洗；底部设有排渣系统，随时将产生的残渣排出；采用高效能导热度装置，能源的利用率高，有利于降低企业成本；以电、煤或者天然气为加热能源，整机采用食品级304不锈钢制造，实现多能源的食品级加工；采用上、下双层网带传输，产品被夹在双层网带之间，避免产品漂浮。

3. 图片与参数

自动连续式油炸机见图5-19，其主要参数见表5-17。

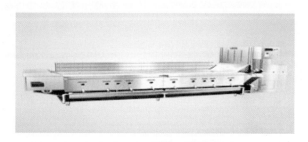

图5-19　自动连续式油炸机

表5-17　主要参数表

名称	自动连续式油炸机	
外形尺寸	4 150 mm×1 280 mm×1 950 mm	7 110 mm×1 280 mm×1 950 mm
生产能力	2 500~3 000 个/h	4 000~4 500 个/h
油槽有效长	3 330 mm×700 mm	6 110 mm×700mm
输送带速度	0.9~5.6 m/min	
油量	160 L（60 mm深）	230 L（60 mm深）
电压	380 V	
功率	0.425 kW	0.575 kW

八、自动翻转漂烫锅

1．工作原理

自动翻转漂汤锅主要由 304 不锈钢模压成型的不锈钢锅体、不锈钢过滤网/篮、电动翻转系统，控制系统等组成。对叶菜类、根茎类、球根类果蔬、木耳、香菇及海产、海带、中药菜等均可进行漂烫、冷却、熬煮等。

2．特点

（1）以燃气为能源，采用国外优新技术，主要零部件采用进口品牌。

（2）自动化控制，全不锈钢制造，外观豪华，清洗彻底。

（3）电动翻转系统，安全省力。

（4）可根据蔬菜的品种和加工工艺不同，调节温度和时间，满足不同需求。

（5）速度快，能力强，漂烫均匀且不损伤蔬菜。

（6）独特的节能燃烧器，节约能源。

3．图片与参数

自动翻转漂烫锅见图 5－20，其主要参数见表 5－18。

图 5－20　自动翻转漂烫锅

表 5 – 18　主要参数表

名称	自动翻转漂烫锅
外形尺寸	2 260 mm × 1 050 mm × 1 550 mm
容量	150 L
产量	200 kg/h
接口	DN 25 mm
热负荷	40 000 kca/h
电压	380 V
功率	1. 1 kW

第四节　米饭设备

一、超高压保鲜米饭生产装备

方便米饭要长时间保存，因此需要对米饭做前期的保护措施，如果突然放在常温常压保存，容易造成米饭内部结构和性质的变化，使其丢失原来的风味。如何在不加任何化学保鲜剂的情况下实现常温保鲜米饭这一问题受到国内外科技工作者的关注。必须确保在无菌环境下保存，实现其保存期时的新鲜度。目前杀菌有两种方式：①高温杀菌米饭，是利用高温灭菌后，将米饭熟制，这种米饭表面不烂、不裂、无异味、不粘连，口感、形态和新鲜米饭完全基本相同，但保质期短；②无菌包装米饭，是采用无菌包装技术，在不添加任何添加剂的情况下，利用生物技术和植物源材料，实现大米保鲜，食用时只需在微波炉中稍微加热即可，但这种米饭的口感、形态没有高温杀菌米饭好。在生产保鲜米饭过程中，需要对米进行杀菌和脱水，达到大米表面除尘、生产过程大米风干等目的。

其中，常用的方式为热干燥技术，主要是利用热空气为媒介，将大米的表面水分汽化到周围介质中，使大米内部形成温度梯队，形成从内部向表面扩散水分子的动力，达到干燥的目标。这种技术操作简单，是目前应用最广泛的干燥技术，常用于辣椒、甘薯、西芹等蔬菜的干燥。已有研究者采用热风、微波、近红外以及真空—微波四种干燥方式对已充分糊化的大米进行干燥，探究不同的干燥方法对已熟化大米回生情况的影响，获得了不同的干燥方法。李娟等人研究了以陈大米为原料，加入甘油等物质，实现大米表面的可食性膜，达到大米保鲜效果，使大米具有较强的抗拉伸强度与较好的光泽度。

（一）除尘处理

传统的输料装置是利用真空吸料机直接将米仓的米通过管道输送到设备的下料斗，在下料斗上装有开关装置，当检测到米斗的米装满后会自动停止。这种装置的缺点：①在输送吸料的同时把米表面的米糠、灰尘一同输送到米斗上，对下一道米浸泡工艺产生影响；②供米是间歇式，流量不稳定。

本研究输料装置是采用真空吸料在吸料的同时利用高压脉冲反吹除尘，通过两台不锈钢旋风分离器进行除去米表面的米糠和灰尘，使泡米的水不会因米连续输送浸泡后而变得黏稠。另外，旋风分离器下部设有关风机连续卸料，确保供料稳定。

1. 前置处理的关键工艺研究

为确保能生产出环保的新鲜米饭，将储米、真空输送除尘、泡米、浸渍、脱水等纳入前置处理过程，其中真空输送除尘主要是消灭细菌；浸渍是为了使米得到充足的水；脱水是对含有一定水分的大米进行表面干燥，达到风干的效果，便于加米过程定量化。

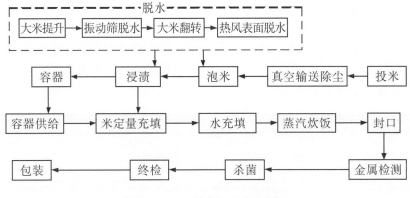

图5-21　保鲜米饭生产工艺图

（1）真空输送除尘。

①米粒在经过去壳后，表面都会携带一定米糠，如果这些米糠进入下一道工艺，会溶化在浸泡的水里，连续生产则会使浸泡的水生成米糊，把米粒与米粒之间粘连在一起，不便于后面的熟化加工，而黏附在设备上的米糊如果清洗不干净还会产生细菌。

②利用真空脉冲除尘器，将大米从米仓输送到泡米线下料斗过程中进行两道除尘（粉），所以进入下料斗之后，米粒表面的米粉已清除干净，并将大米表面的细菌除去。下料斗有自动满米检测功能，检测到米已加满之后真空除粉输送米装置将自动停止。

（2）浸渍。

①所用的水必须经过消毒机消毒后才可进入泡米水槽，使经过杀菌的大米不会造成污染。

②在浸渍工艺过程中，主要为了让干米通过浸泡充分地吸收水分，吸水后米的重量会增加16%，浸泡水温为25℃，浸泡的时间为30分钟。浸泡30分钟后，经输送网链提升出水面，在网链上进

行滤水。

（3）脱水。

脱水为了使浸泡过的米能把表面的水清除，并且表面要有点干燥，使米粒与米粒之间不粘连，这样才能便于容积式灌米和振动式电子定量补米。采用脱水方式有多种，如利用 PID 技术实现风速控制，使风力风速鲁棒性好，通过 PMAC 运动控制卡对风速进行多轴控制，实现风干最佳的效果。

①振动筛脱水：米浸泡之后，从泡米流水线自动提升到脱水振动筛里面，经直线式振动筛振动脱水的同时向前输送米到烘干段网链，通过振动筛脱掉一部分水，减少了烘干段能耗。

②风干脱水：采用热干燥技术，从振动筛出来的米经网链输送，被自动限宽、整平之后进入风干隧道，这时风干隧道里的温度为 50 ℃，通过热风烘米和翻转机构翻米，均匀烘干表面的水分之后进入下一道工序。

2．关键设计与技术

（1）入料口设计要素。

入料口的设计包括入料口的宽度、自动翻转装置、输送装置等。入料口通道上米的厚度、宽度有一定要求。传统的隧道进料口只有限厚装置，在输送速度发生变化时米的宽度不一致，米流量大时容易掉出网链的边缘。设计的装置有以下特点：①入料口的米宽度及厚度可根据所需的干燥程度自行调整；②入料口的米自动翻转可将米翻转得更平整，通过调节翻转电机的速度使米层变薄变宽，从而加快表面水分的蒸发。

（2）输送系统设计要素。

当大米入料后，采用 SUS304 材质网链，符合 GMP 食品级的物料传送，达到食品卫生安全要求，具有不漏米，输送平整，通风特性好的特点，便于自动清洗和维护保养。

传输动力采用变频调速控制，速度可调，输送平稳，可根据产量需求和干燥程度自行设定。电机与涡杆减速箱之间有扭力过载保护器，当发生故障时可以有效地保护人员和设备的安全。

（3）脱水系统规划。

脱水系统包括大米提升、振动筛脱水、大米翻转、热风表面脱水（如图 5 - 22 所示），其中热风表面脱水通过耐高温风机将翅片式蒸汽加热器的热量吹向加热隧道，将进入隧道后的湿米表面水分风干。

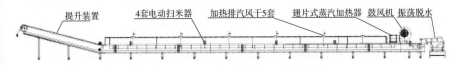

提升装置　　4套电动扫米器　　加热排汽风干5套　　翅片式蒸汽加热器　　鼓风机　振荡脱水

图 5 - 22　保鲜米饭流水线脱水系统结构

①风干动力部分。

其一，风干机采用全 SUS304 食品级耐高温离心风机，出风流量最大可达 5 000 m³/h，噪声小。风干机动力采用变频调速控制，出风流量可根据实际产量需求和干燥程度自行设定。

其二，加热器采用 SUS304 全不锈钢翅片式蒸汽散热器，利用蒸汽加热速度快，具有安全卫生、散热效果好的特点。

②翻转米部分。网链上有多道连续翻米装置，由于湿米进入隧道后，表面一层米的水分会比较快风干，而越往里层的米水分就越大，所以在隧道中每隔 4 m 都会设有一个连续翻米装置，使表里米层风干的程度一致。翻转米传动电机动力采用无级调速器调速，可根据米层的厚度来设定所需的转速。

③抽湿排风部分。上盖设有 5 道抽湿排风装置，由于热风机吹出的热风是靠正压把热风挤出隧道，没有形成一种快速对流，所以在隧道顶部设计有 5 道抽湿排风装置，最靠近出料口的第 5 道出风

口全开，其余的根据风干效果自行调节出风口打开程度。抽湿排风机动力采用变频调速控制，排风流量可根据实际风干需求和干燥程度自行设定。

3. 除尘关键技术研究

（1）第一道除尘工作原理。

由于本设备为加工食品的设备，除尘部分及管道材质均采用SUS304 不锈钢制作，具有安全、卫生的特点。除尘结构如图 5 - 23所示，工作时通过离心式风机产生负压，气流从旋风分离器分离出的粉尘经过多股精密滤芯吸附捕集，洁净的气流排空，同时多股精密滤芯间歇式周期性自洁反吹。该装置具有使用安全性高、连续工作寿命长，吸尘效率高，自洁性好，噪声小，无须人工操作，安全可靠，使用便利等特点。

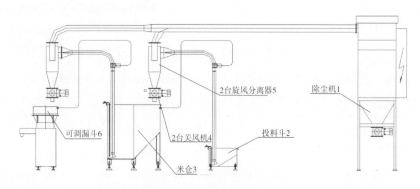

图 5 - 23　保鲜米饭除尘结构

（2）第二道除尘工作原理。

旋风分离机是利用高速气流切向进入筒体，在筒体内高速旋转产生离心力，密度大的固体米粒与内壁摩擦接触由重力作用而沿壁面下落至底部，而密度小的米粉将被气流带至真空除尘机。第二级除尘工作原理与第一级除尘工作原理相同，将经过第一道除尘的第一级米仓的米粒进行第二道除尘后进入浸泡线米斗。

目前常用的计量方式有容积法和称重法两种，目前文献以职工食堂为研究对象，通过分解计量的功能、网状打散机构和螺旋出饭机构，用漏斗将米饭匀速出饭，实现了准确、方便售饭的功能。在计量过程中，需要对原米进行控制，主要控制阶段分为电气机械、人工控制、单片机以及计算机管理等。对多点控制方法和补偿技术可依靠 PC 机和 PLC、控制元器件等实现，达到自动下料及称量、远程报警等功能。有文献根据中小企业、学生食堂等集体用餐问题，设计完成了一台米饭精量自动售饭机，研究了在分饭、饭团打散、精量运输及包装等方面的技术，提高了在米饭生产和销售过程中的生产效率，增加了企业的利润率。

大型全自动保鲜米饭生产线能够进行从大米清洗到米饭煮熟的全工艺过程，其定量灌装米、水的工艺过程为：①启动封口线的全自动生产；②自动落盒，下模往前移动；③第一道容积式灌米；④电子秤定量补米，使盒子里面充填的米量一致；⑤第三项活塞式灌水；⑥电子秤定量补水；⑦抹平装置，将表面的米抹平；⑧进入封口段通过蒸汽隧道之后进行熟化，如图 5 - 24 所示。

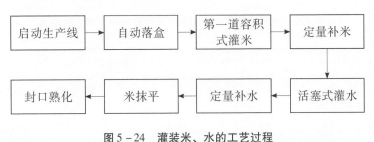

图 5 - 24　灌装米、水的工艺过程

（二）灌米装置设计

1. 灌米装置的两道灌装机构设计

灌米装置分为二级装置，第一级为多头容积式灌米装置，实现粗定量灌装；第二级为多头电子定量补米装置，实现高精度定量补米（如图 5 - 25 所示）。

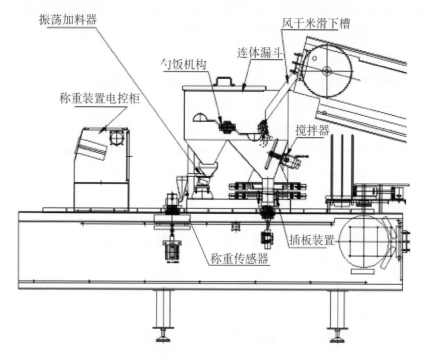

图 5 - 25　多头容积式灌米和多头电子定量补米装置原理图

（1）多头容积式灌米装置。

多头容积式灌米装置属于米饭生产线加米的第一级粗定量，定量补米范围为 100 ~ 150 g 可调，5 个出料口的精准度为 ± 3% ~ 6.5%。本装置灌装速度快，容积灌装每个口可根据生产需求单独可调。

（2）多头电子定量补米装置。

①该装置采用大屏幕、多功能、高精度电子秤作为控制器，每个控制器配有称重台作为称重检测，物料不足时驱动振动器电源使振动器振动下料。利用勺饭机构对米量进行精确控制，当米达到一

定量时，利用称量顶起装置，将勺饭机构顶起，使满料时自动停止并发出信号。此机械反应速度快，称量检测到无盒时不落料，不会造成物料掉落在机器或地上。

②电子式计量补米装置是米饭生产线加米的第二级高精度定量，定量补米范围为 0~20 g，5 个出料口在达 2 000 盒/时产量时的精准度为 ±1~3 g。

2. 多头自动计量灌装系统总结构特例

以生产净含量 260 g 的米饭为例，第一道灌米量为 140 ± 10 g，第二道电子定量补米为 15~25 g（补米后总重量为 155 g）。共有 20 个主要零部件，具体结构如图 5-26 所示。

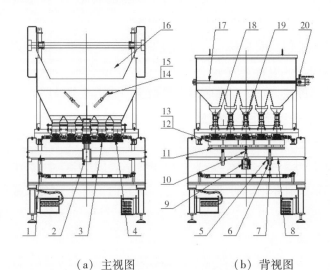

（a）主视图　　　　　（b）背视图

图 5-26　多头容积灌米和定量补米装置结构图

1. 顶起横杆；2. 双轴气缸；3. 托板；4. 垫块；5. 导套；6. 铜套；7. 行程导柱；8. 气缸固定板；9. 气缸 SDA S-80×50；10. 丝杆；11. 电子秤固定板；12. 电子秤；13. 电子秤外壳；14. 搅拌心轴；15. 搅拌条；16. 风干米滑下槽；17. 翻转轴；18. 防振弹簧；19. 振动器；20. 回转气缸

(三) 灌水装置设计

1. 多头容积式灌水装置

传统的灌装水装置通过定时打开自落式灌水箱球阀进行灌水，这种灌水装置的主要缺点是定量水精度不准确，会随水箱水位的高低压差影响灌装量。

本书提出多头容积式计量灌水系统，对保鲜米饭采用流水线容积式计量灌水系统，这种结构是专门针对保鲜米饭生产链系统量身订做的专用设备，其主要优点能根据米饭盒的容量，按所需米和水的比例进行设定后，自动精确称重计量米和水。本设计结构简单，计量准确、速度快，清洁维护更方便，满足米饭生产流水线定量精准度要求高、灌装速度要求快的使用需求。

多头容积式灌水装置属于米饭生产线加水的第一级定量，定量范围为100~150 g，可调，5个出料口的精准度为±3%。本装置具有灌装速度快，每个口灌装量可根据生产需求单独微调。

2. 多头电子定量水装置

与定量补米一样，电子式定量补水装置是米饭生产线加水的第二级（如图5-27所示），主要利用活塞式加水器，将水注入储水槽，当需要补水时，补水装置开启，满料时，称重顶起装置顶起活塞，加水停止，并发出信号，达到定量化目标。该装置采用大屏幕、多功能、高精度电子秤作为控制器，每个控制器配有称重台作为称重检测，物料不足时驱动振动器电源使振动器振动下料。其反应速度快，称量检测到无盒时不补水，不会造成水洒落在机器或地上。高精度定量的定量补水范围为0~20 g，5个出料口在达2 000盒/h产量时的精准度为±1~3 g。

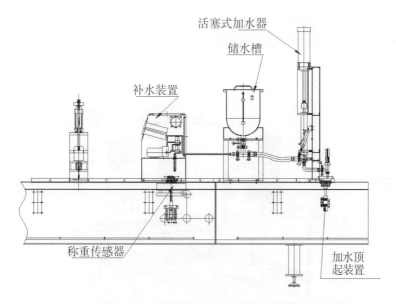

图 5 - 27 容积式灌水和计量补水原理图

二、米饭分装机

1. 工作原理

倒入分饭机构的米饭经拨叉打散，进入下部的分料斗，打开插板，让米饭进入定量盒，等米饭装满定量盒后，关闭插板，接近开关发出信号，分饭机构上减速机停止工作，米饭不再落入分料斗。

2. 特点

中央厨房里的快餐、米饭生产线中的米饭需要打散后方可分装，使用本设备具有提升、倾倒、拨松、计量、分装成型、输送等功能，能将米饭拨松分盒，使米饭更加松软可口，不但能降低劳动强度、提高效率，还能起到安全防护的作用。

3. 图片与参数

米饭分装机见图 5-28，其主要参数见表 5-19。

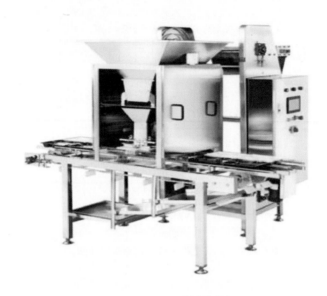

图 5-28　米饭分装机

表 5-19　主要参数表

产品名称	米饭分装机
产品尺寸	1 980 mm × 1 850 mm × 2 250 mm
产量	2 000 ~ 3 000 盒/h
功率	0.75 kW
适用性	各种米饭分装

第五节　面点设备

混合搅拌设备包括和面机、各型搅拌机、面条机、饺子机、各类制坯机、打饼机、包子机等。

一、和面机

1. 工作原理

螺旋搅拌器在传动装置带动下于搅拌缸内回转，同时搅拌缸在传动装置带动下以恒定速度转动。缸内面粉不断地被推、拉、揉、压，充分搅和，迅速混合，干性面粉得到均匀的水化，扩展面筋，成为具有一定弹性、伸缩性和流动均匀的面团。在金属空腔中安装一个 U 形搅拌器，搅拌器在外力的作用下不断旋转，空腔内适当湿度的面粉在不断搅拌下慢慢变成面团。

2. 特点

在真空负压下，面粉中的蛋白质在最短时间内，最充分地吸收水分，形成最佳的面筋网络，面团光滑，使面团的韧性和咬劲均达到最佳状态。面团呈微黄色，煮熟的薄面带呈半透明状，吃水率高，本机吃水率在 38% ~55% 时均可正常和面。由于该设备采用输送带自动喂入和输出装置，所以，轧制面坯时，无须人工抛送面团，彻底解脱了劳动强度大这个主要环节，操作起来轻松自如，而且大大提高了生产效率。将手工整理面团操作区和揉轧作业区分开，从根本上排除了安全隐患，保证了安全生产。

3．图片与参数

和面机见图 5 – 29，其主要参数见表 5 – 20。

图 5 – 29　和面机

表 5 – 20　主要参数表

产品名称	真空式型和面机	非真空式型方管架和面机
外形尺寸	900 mm × 800 mm × 820mm	
和面量	15 kg/次	25 kg/次
和面时间	4 ~ 10 分/次	
电源电压	220 ~ 380 V	
电机型号功率	YC90L – 4 – 1. 5	

二、各型搅拌机

1．工作原理

搅拌机主要由电动机、轻触开关、碾磨盒、搅拌杯、底座和外壳等组成，齿轮可改变电动机的旋转，使搅拌器按相反的方向旋转；

速度控制器可以改变传输给电动机的电流，从而控制搅拌器的转速。

2. 特点

食品搅拌机是全齿轮传动结构，其动力传动系统具有高标准设计，强度高，技术要求高，运转平稳，坚固耐用，可用于搅拌奶油、蛋糕液、馅料、打蛋及和制面团等。采用可逆运转，可进行酱料、粉料、菜丝、豆制品等物料的搅拌混合。

3. 图片与参数

各型搅拌机见图5-30，80型食品搅拌机的主要参数见表5-21。

图5-30　各型搅拌机

表5-21　主要参数表

产品名称	食品搅拌机
型号	80型
外形尺寸	55 mm×45 mm×850 mm
生产效率	200 kg/h
额定功率	1 500 W
整机重量	55 kg
额定电压	220 V

三、面条机

1．工作原理

把面粉经过面辊相对转动挤压形成面片，再经前机头切面刀对面片进行切条，从而形成面条。面条的形状取决于切面刀的规格，所有机型均可安装不同规格的切面刀，故一台机器经过更换不同规格的面刀可以做成各种规格的面条。

2．特点

本设备从进料到出面连续作业，完成自动输送、自动断面、自动上杆，一次成型，具有高产高效、省时省力、操作简便等优点，生产的面条韧性好、口感好。

3．图片与参数

面条机见图 5 – 31，其主要参数见 5 – 22。

图 5 – 31　面条机

表5－22　主要参数表

产品名称	面条机
外形尺寸	510 mm×360 mm×90 mm
转速	68 r/min
工作效率	100 kg/h
功率	1.5/2.2 kW
电压	220 V
整机重量	63 kg 左右

四、饺子机

饺子机又称水饺机、饺子机械、饺子机器，主要是指把和好的面和调好的馅放到机器的指定入料口，开动机器就可以生产出成品饺子，该机具有生产速度快、成品低、省时省力等优点。

1. 工作原理

本设备全机的工作部分主要由送面系统、送馅系统、机头、成型盘、输送带5个部分组成。工作时面由送面机构送至机头出口处，形成含馅的面柱后由成型盘内的成型快将面柱挤断成大小均匀的饺子。

2. 特点

饺子机只要更换模具，就可以制造不同形状的火锅水饺、珍珠水饺、咖喱饺子、花边饺子、锅贴饺子等，面皮厚度和馅量可调整，适合急速冷冻，耐储藏，是理想的微波炉食品。包出来的饺子卫生且美观，设备拆装容易，清洗简单。

3. 图片与参数

饺子机见图 5 – 32，其主要参数见表 5 – 23。

馅料口

面包口

生粉口

出口

调控棒

传输带

图 5 – 32　饺子机

表 5 – 23　主要参数表

产品名称	饺子机
外形尺寸	760 mm × 420 mm × 730 mm
电源电压	220 V
功率	2.2 kW
可数范围	13 ~ 18 g/只
产量	4 800 只/h
重量	110 kg

第六节 排油烟设备

中央厨房的排油烟系统应遵循《饮食业油烟排放标准》（GB 18483—2001）、《环境空气质量标准》（GB 3095—2012）、《固定污染源排气中颗粒物测定和气态污染物采样方法》（GB/T 16157—1996）、《恶臭污染物排放标准》（GB 14554—1993）的要求，相关设备必须获得中国环境保护产品认证（CCEP 认证）。排油烟系统是一个完整的系统，其排油烟效果与风机大小和烟罩的先进程度、油烟处理技术，以及配套的灭火和燃气保护装置等因素相关。

油烟废气的处理装置为油烟净化器，它主要用于低空排放油烟的净化治理，为保证油烟净化效果，必须每两周清洗一次。利用传质双膜理论，物理、化学方法的结合产物，机电一体化产品，油烟中油的去除率达 90%，黑烟颗粒物的去除率达 90%，空气中灰尘等杂质的去除率达 90%，各类气味的去除率达 70%，蓝色烟（化学凝胶）的去除率达 60%。产品需要每使用 2～3 天做一次排污、添加专业净化剂的工作。产品运行稳定、使用寿命长、特级防火。自身排风风机的负压产生约 600 mm 厚的液沫层（液沫大小直径 1.5 mm）对油烟气体进行洗涤式净化，约等效于 600 m 的自然降雨层的净化效果。

一、油烟净化技术方法

油烟净化技术方法有机械分离法、催化剂燃烧法、活性炭吸附法、织物过滤法、湿式处理法及等离子处理法。

1．机械分离法

利用惯性碰撞原理或旋风分离原理对油烟进行分离。

缺点：挡板滤网容易破裂，废弃直接排放；需要定期保养和维护；安装的垂直角度要小于15°；净化效率不高，只适用于预处理或净化效率要求较低的场合。

2．催化剂燃烧法

利用高温燃烧所产生的热量进行氧化反应，把油烟废气中的污染物质转化为 CO_2 和 H_2O 等物质，从而达到净化目的。

缺点：催化燃烧净化设备的开发还不十分成熟。

3．活性炭吸附法

用粒状活性炭或活性炭纤维毡吸附油烟中的污染物粒子，这种设备的特点与过滤净化设备相似，但去除油烟异味分子的效果较好。

缺点：活性炭成本较高。

4．织物过滤法

油烟废气首先经过一定数目的金属格栅，大颗粒污染物被阻截，然后经过纤维垫等滤料后，颗粒物由于扩散、截留而被脱除。

缺点：由于滤料阻力很大，如玻璃纤维滤料的净化器压降可达1 500 Pa，且滤料需经常更换，因此过滤法净化设备的应用受到局限。

5．湿式处理法

采用水或其他洗涤剂，以喷头喷洒的方式形成水膜和水雾来吸收油烟。

缺点：存在阻力大，对亚微米级颗粒物的净化率很低，导致油污水二次污染。

6．等离子处理法

电场在外加高压的作用下，负极的金属丝表面或附近放出电子迅速向正极运动，与气体分子碰撞并离子化。油烟废气通过这个高压电场时，油烟粒子在极短的时间内因碰撞俘获气体离子而导致荷电，受电场力作用向正极集尘板运动，从而达到分离效果。

优点：①处理风量大，压损小，可以在高湿情况下运行；②一次通过去除率可以满足净化要求；③有效去除的粒子直径范围大。

缺点：①处在迅速发育、逐步成熟、"不计成本"的初级阶段，市场还正在寻找造价和使用费用低廉的、可长时间持续工作、低二次污染的高效除味技术；②"可自然沉降大颗粒"和"稳定气溶胶小颗粒"的净化技术处于攻关难关，过三五年或许能够见到餐饮业"无烟、无味、常温排放"的高端油烟净化设备。

二、油烟净化机选择

1．处理风量的设计

$$Q = 3\ 600\ V \times W \times L$$

式中：

Q——排风罩的风量，m^3/min；

V——烟罩口的吸风速度，m/s；

W——排风罩的宽度，m；

L——排风罩的长度，m。

烟罩口的吸风速度一般不小于 $0.6\ m/s$；烟罩内接风管处的喉部风速应为 $4 \sim 5\ m/s$；烟罩口下沿离地高度宜取 $1.8 \sim 1.9\ m$。若计算运水烟罩排烟量，则在此基础上增加 20%。

2. 工作原理

等离子油烟净化器根据低温等离子体净化原理和机械、离心原理相结合设计。该机由离心分离段、高效过滤段、低温等离子净化段、消声段等部分组成。

（1）离心分离段。采用机械除油技术，利用风机气体动力进行净化油烟。通过流体力学的双向流理论在叶轮内部实现油烟分离，并通过改变叶片的角度和叶片的形式，使油烟分子在叶轮盘/片上撞击聚集，使油烟呈微粒油雾状，被离心力甩入箱体内壁，由漏油管流出。

（2）高效过滤段。经过前端处理后，去除了大部分油烟，而逃逸的微米级油烟被后置的高效过滤段（粗过滤和精过滤）处理后大部分被过滤，余下的亚微米级的油雾微粒和烟气中有毒有害物质及异味等进入低温等离子净化段。

（3）低温等离子净化段。该段主要采用电晕放电方法产生高浓度离子，然后利用等离子使通过电场的烟气中的颗粒带上不同（正、负）的电荷，从而自相吸引、凝并，单个体积增大或聚集成大团而沉降，这样使烟气得到净化，可以对小至亚微米级的细微油烟颗粒物进行有效的收集。区别于静电式直接利用电场极板吸附油烟颗粒的净化方式，延长电场有效工作时间，达到低碳运行。

（4）消声段。设备末端设有独立消声段。采用优质玻璃纤维消声材料，利用内部多孔的网格结构体系，使得声波能方便有效进入纤维体深层，将声能转化为震动能，通过转化和吸收，以降低设备噪声。

第七节　冷却设备

一、真空冷却机

1. 工作原理

真空冷却机利用沸点降低使得水易于汽化，以及水在汽化时必须吸收热量的原理，用真空泵抽取真空槽内空气以降低真空箱气压，使真空槽内的水分沸点降低从而蒸发，即被冷却物表面自由水不断汽化，带走自身及环境热量，从而达到冷却降温的目的。

2. 真空冷却的特点

与普通降温冷却不同，真空预冷处理是运用了真空这一特殊环境，通过降低水的沸点，使水汽化吸热，从而实现快速降温的技术。

真空冷却机的主要优势如下：

（1）冷却速度快：20～30分钟即可达到所需的冷藏温度。

（2）冷却均匀：产品表面自由水汽化带走自身热量达到冷却目的，实现从内到外均匀降温。

（3）干净卫生：真空环境下，可抑制细菌繁殖，防止交叉污染。

（4）薄层干燥效应：有治愈保鲜物表皮损伤或抑制扩大等独特功效。

（5）不受包装限制：只要包装有气孔，即可均匀冷却物品。

（6）保鲜度高：可保有食物原有色、香、味，延长货架期。

（7）自动化程度高：可通过压力传感器控制制冷系统和真空系统压力，方便调节真空预冷机的真空度，并且可远程操控，便于监控设备运行和快速解决设备故障。

（8）高度精准：配备精密式数显温度、湿度控制器，精确控制真空度及湿度。

（9）节能：根据不同冷却物的特性，设定真空度，有效节约能源。

3. 图片与参数

真空冷却机见图 5 - 33，其主要参数见表 5 - 24。

（a）内部　　　　　（b）外形

图 5 - 33　真空冷却机

表 5 - 24　主要参数表

产品名称	真空冷却机
真空箱容积	0.6 m³
真空箱内尺寸	730 mm × 860 mm × 960 mm（可以根据客户要求尺寸设计）
每次处理量	100 kg
每次处理时间	20 ~ 25 min（米饭）
处理后温度	20 ℃（客户可以根据自己需要设置）

续上表

产品名称	真空冷却机
整机功率	11 kW，三相 380 V/50 Hz
整机重量	1 t
外形尺寸	根据客户车间做成连体式或分体式（主管道安装根据客户车间结构，管道长度 1～5 m 为宜）

二、速冷隧道

1. 工作原理

速冷隧道将需要冷却的产品放置在输送带上，利用全铝合金蒸发器换热效率高，降温速度快，蒸发器沿钢板带运行方向排列，迎风面积大，因而具有不易结霜的特点。在输送带传送过程中，餐饮的热量在隧道中快速扩散，库体内外支架均采用不锈钢制造，水冲霜系列，清洁卫生。

2. 特点

采用速冻隧道可以省去人工搬运这道工序，通过输送网带将货物传送至隧道内，货物经过隧道后被迅速冻结，再被输送出，进行下一道工序。通过速冻隧道冻结食品，只要货物源源不断进入隧道内，不断有热量产生，制冷机组将一直运行，直至货物停止输送，机组根据隧道内温度自动停机。不仅提高设备的利用率和生产效率，而且还节约了机组由于频繁开机而消耗的电能，起到节能的作用。

3. 图片与参数

速冷隧道见图 5 – 34，其主要参数见表 5 – 25。

图 5 – 34 速冷隧道

表 5 – 25 主要参数表

产品名称	速冷隧道
工作台尺寸	390 mm × 540 mm
有效包装尺寸	340 mm × 490 mm
最大包装高度	100 mm
包装膜宽度	460 mm
电源电压	380 V
额度功率	8 kW
设备总重	180 kg
真空泵	旋涡气泵

三、高速冷却机

在中央厨房内将烹饪好的热餐饮快速冷却到 4 ℃是决定生产效

率、保鲜及口感的关键。伍培等人通过分析真空冷却球形果蔬的热传递情况，建立了减压贮藏的数学模型，取得了较好的效果。娄耀郏等人就真空冷却的工艺，特别是在食品的后处理技术方面，提出了多食品烹饪＋冷却＋储存的综合工艺方法，取得了较好的效果。气调保鲜和真空冷却在蔬菜冷却和肉类冷却中有较多的运用，它能较好地延长保质期，提高新鲜度、口感、色泽等品质。

1．工作原理

（1）不同冷却方式的效果分析。

目前冷却的方式多种多样，包括常温冷却、水冷却、真空冷却、减压冷却等。其中，常温冷却速度慢，容易滋生细菌，适合日常生活中没有时间要求的冷却；水冷却的速度快，简单方便操作，但不适合箱包装，不能直接与食品接触，易受微生物污染，造成变质，适用于密封性较好的快速冷却；真空冷却是将食品物料中的水分发生相态的变化，水变成水蒸气，带走食品中的热量，由于其是真空环境，微生物、各种促进酶很难生存，氧气大大减少，各种化学反应无法完成，食物不会被氧化，能延长食品的保质期，但真空保鲜的环境要求较高，营养成分和食物香气等会随着水蒸气一起被带走，并出现食物变形或变色的现象，适用对外形和颜色没有要求的冷却。

1967 年，美国人斯坦利·伯格（Stanley P Burg）发明了减压冷却技术，减压冷却是通过食品表层的水分在低压下蒸发吸热而带走热量，当压力降低时，其沸点明显下降。食品表层的水要蒸发，需要吸引大量的热量，热量主要来自食品表面，故能大大加快冷却速度。

在高铁中央厨房中，食品分为蔬菜类、肉类、米饭类、面点类等，在蔬菜类、肉类冷却中，保鲜是关键的要素之一。减压冷却既可以使蔬菜类、肉类快速冷却，又通过内外界气体置换，实现菜肴的保持鲜度和色度。减压保鲜由于能够将有害气体随时净化，最大限度地保障了食品的新鲜程度，所以贮藏的食品不衰老、不黄化、不失重、不变质，商品率高达98%。

（2）减压冷却的工作原理。

减压冷却与真空冷却存在本质的不同。真空冷却的原理是气液两相转变时，沸点随着压力的降低而降低，如大气环境压力0.613 kPa下，水的沸点是0 ℃。真空冷却将冷却体放置于密闭的环境里，使内容迅速形成真空，在形成真空的过程中，物品部分热气和潮湿空气迅速蒸发而冷却，这种冷却速度较快。在真空冷却时，密闭室内的压力降到饱和蒸发压力即达到闪点值，物品表面的水分开始沸腾而蒸发，物品因水分蒸发致温度降低，随压力继续降低物品可冷却到所要求的温度。真空冷却法的优点是冷却速度很快，一般20~30分钟即可将蔬菜从20 ℃左右冷却到1 ℃左右，水分蒸发量只有2%~4%，不会影响蔬菜新鲜饱满的外观。但真空冷却法成本较高，少量冷却时不经济，适合远离冷库的大量蔬菜冷却运输中。

减压冷却是利用传统的对流、传导和辐射三种方式相结合，借助真空冷却的优势，在半密封的环境内，其首先将高温的气体抽出来，形成低压；然后将低温的气体向半密封环境注入，使半密封环节换气，达到一次减压冷却。以此方式进行"低压、低温、高湿、换气"的操作，达到减压冷却的效果（如图5-35所示）。

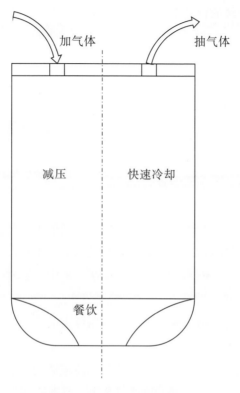

图 5-35　减压冷却原理图

（3）减压冷却的优势。

①快速冷却。食品蒸煮之后，从高温向低温冷却速度决定了食品表面微生物的繁殖速度，特别是从 72℃ 到 10℃ 这个温度区间，微生物繁殖速度最快，因此要将食品快速通过此区间的温度，必须加快冷却速度。通过减压冷却可加大速餐饮的内部对流，内部压力降低，减少水蒸气的气相济度，使冷却速度快，达到较好的冷却效果。

②降氧保鲜。在抽走热水蒸气时，减少密闭的压力，氧气也随着减少，同时将有害气体同时抽出，最大限度地保障了餐饮的新鲜

程度，所以贮藏的食品不衰老、不黄化、不失重、不变质，商品率高达98%。

③充分保湿。在通入空气中使空气保护一定的湿度，弥补抽空气时带走的水分，使餐饮保持一定的新鲜度和水分。

2. 冷却类型

由于减压冷却的优势，对不同类型的餐饮冷却效果也不相同，包括蔬菜类、肉类、面点类、米饭类等，它们有不同的物理性质和结构，同种方法冷却效果各有差异。

（1）蔬菜及肉类、面点类冷却。

减压冷却是将密闭空间蔬菜的热水蒸气抽出，然后将减压冷却空间的冷空气输入，因此蔬菜表面的热水蒸气垂直方向运动，被抽到外部（如图5-36所示）。外界的冷空气在一定的压力下渗入蔬菜内部，由于热水蒸气比冷空气的密度低，迫使热水蒸气向上运动，被抽到外界。但边界层中混合物在各点的总压强不相同，蔬菜表面附近的热水蒸气分压大于靠近主体空气水蒸气分压，进而使减压冷却空间的冷空气向贮藏环境扩散，使蔬菜的热水蒸气进一步在表面运动，形成冷却循环，这样蔬菜类由高温冷却到低温。

快速冷却空间

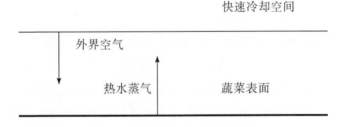

图5-36 减压冷却的蔬菜冷却模型

（2）米饭类冷却。

陈敢烽等人根据减压冷却的真空度、米饭量、拟冷却的温度等因素进行定性分析，发现米饭的冷却效果与米饭量及真空度的关系较为密切。减压冷却时，米饭冷却需要将其拨松，然后放置在密封空间内，对其抽出内部的热水蒸气和输入外界 4 ℃冷空气，使空间压强减少，既可加大循环速度，又可使中心温度快速冷却。洪乔获等人通过对比自然冷却、冷风冷却和真空冷却三种冷却方法，发现真空冷却将面类食品从高温降到低温的冷却速率高，但产品质量损失大。

3．传热过程分析

（1）影响冷却速度的关键因素。

食品温度的冷却时间与食品的初始温度、食品的形状、食品传热系数、冷却的风速、周围环境温度、冷却媒介相关。食品的温度有两个，一个是食品的平均温度，另一个是食品的中心温度。在冷却过程中，食品的温度呈梯形温度，离表面越近，冷却速度越快，温度梯度越大。

（2）网格化温度分析。

控制肉的原始菌群是肉类保鲜的关键措施，为了更微观地研究食品的每点温度，现以肉类为例（如图 5 - 37 所示），将其重点设为食品中心，将肉按平面进行网格化划分为 N 等份，每一份为 Δx，可建立的数学模型，如式（1）所示。

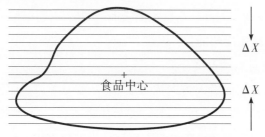

图 5 - 37　食品冷却的网格化模型

$$\frac{\partial T}{\partial t} = \alpha \frac{\partial^2 T}{\partial x^2} \tag{1}$$

式中：

$$\alpha = \frac{\lambda}{C_p \rho}$$

式中：

α——肉的热扩散率，即导温系数；

λ——肉的导热系数；

C_p——肉的定压比热；

ρ——肉的密度，kg/m^3。

易知，偏微分方程（1）的初始条件为：

$$T_0 = T \ (x, \ 0)$$

在肉的食品中心的对称面为绝热边界的条件为：

$$\frac{\partial T \ (0, \ t)}{\partial x} = 0$$

在肉的两侧表面为对流边界的条件为：

$$-\lambda \frac{\partial T \ (L, \ t)}{\partial x} = h \left[T \ (L, \ t) \ - T_c \right]$$

式中：

L——肉厚度的一半，mm；

h——冷却空间介质与食品侧表面之间的对流传热膜系数；

T_c——减压冷却的外界温度，℃。

（3）任意点的温度分析。

将肉从外表面沿 X 方向按间距 Δx 分割为 N 段，时间从边界开始，按 Δt 时间共计 k 段。以 x_i 表示任意位置，应用有限差分法，将有限差商代替微商，将微分方程转化为差分方程，建立中心差分数学模型：

$$\left(\frac{\partial^2 T}{\partial x^2}\right)_{1,k} = \frac{T_{i-1}^k - 2T_1^k + T_{i+1}^k}{\Delta x^2} \tag{2}$$

式（1）中一阶导数，采用向前差分法，得

$$\left(\frac{\partial T}{\partial x}\right)_{i,k} = \frac{T_i^{k+1} - T_i^k}{\Delta t} \tag{3}$$

将式（2）、式（3）代入式（1）得，肉内任意节点（i，k）的温度方程为：

$$T_i^{k+1} = F_0 \left(T_{i-1}^k + T_{i+1}^k\right) + \left(1 - 2F_0\right) t_i^k \tag{4}$$

其中，F 为傅里叶级数

$$F_0 = \frac{\alpha \Delta t}{\Delta x^2}$$

（4）边界节点分析。

①绝热边界点温度分析。肉的中心面是对称面，也是绝热边界面，此时对流的热量为零。

绝热边界点的温度方程为：

$$T_1^{k+1} = 2F_0 T_2^k + \left(1 - 2F_0\right) T_1^k \tag{5}$$

②对流边界点温度分析。肉最外侧的对流边界温度，针对边界点 N，根据热平衡原理，其差分格式数学模型为：

$$-\lambda \frac{T_N^k - T_{N-1}^k}{\Delta x} + h \left(T_c^k - T_N^k\right) = \rho C_p \frac{\Delta x}{2} \cdot \frac{T_N^{k+1} - T_N^k}{\Delta t} \tag{6}$$

通过整理可得，对流边界点 T_N^{k+1} 的温度方程：

$$T_N^{k+1} = 2F_0 \left(T_{N-1}^k + BT_c\right) + \left(1 - 2BF_0 - 2F_0\right) T_N^k \tag{7}$$

其中，毕沃基数

$$B = \frac{h\Delta x}{\lambda}, \ 且 \ F_0 \leqslant \frac{1}{2B+2}$$

通过内部方程求解，将式（4）、式（5）和式（7）按照编号，计算出 Δt 的各节点温度。同理可计算出 $2\Delta t$，$3\Delta t$，…，$N\Delta t$ 的各点温度。

4．实验分析

（1）提高冷却效果的策略。

根据式（2），发现外界温度与冷却速度密切相关。同时，为了进一步提高冷却效果，可在一定范围内降低压力差，增加减压冷却密闭空间的风速。风速越大，使得进口加气体速度加大，出口抽气的速度也随之增加，达到密封空间的压力降低，冷却速度加快。这样，不断地从外界将冷空吸入密闭减压空间内，将密封空间内的热水蒸气带走，食品将获得较好的冷却效果。

（2）效果分析。

分别将两盘 100 ℃烹饪好的 15 kg 肉菜放入 4 ℃外部空间和减压冷却空间，菜盘尺寸为 1 500 mm×700 mm×300 mm。将一个肉菜盘让它放在 4 ℃环境下自然冷却；将另一个肉菜盘放入减压冷却空间冷却，采用一个电机从空间内向外抽空气，一个电机向空间内输入 4 ℃且湿度为 95% 的空气，其饱和蒸气压力为 0.813 59 MPa。

分析可获得绝对湿度气压为：

$$813.59 \times 95\% = 772.91 \text{（Pa）}$$

根据理想气体状态方程数学表达式为：

$$PS = nRT$$

式中：

P——理想气体的压强，Pa；

S——理想气体的体积，m^3；

n——气体物质的量，g；

R——理想气体常数；

T——减压冷却密封空间外的温度，℃。

在 1 m^3 的水蒸气内，含水的质量 $n = \dfrac{772.91}{8.314 \times 4} \times 18 = 418.34$（g）。

等到 25 分钟后，发现 4 ℃外部空间自然冷却的菜盘，肉菜的中心温度为39 ℃，减压冷却空间的菜盘肉菜中心温度为4 ℃（如图5-38所示）。要使得自然冷却的肉菜中心温度达到4 ℃，需要1小时56分钟。通过对比，减压冷却比自然冷却的速度快，冷却后肉菜的色泽一样，肉菜的湿度不变。由于减压冷却的时间短，与外部接触时间少，故更能保证食品的卫生和安全，提高其加工效果，适合冷链中央厨房的食品加工。

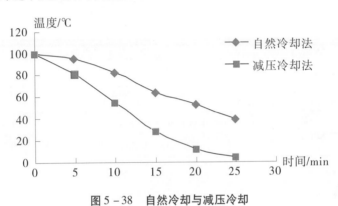

图5-38 自然冷却与减压冷却

5．参数与图片

减压冷却机见图5-39，其主要参数见表5-26。

图5-39 减压冷却机

表 5 - 26 主要参数表

产品名称	减压冷却机
电压	220 V
功率	450 W
外形尺寸	380 mm×450 mm×165 mm
机身	不锈钢
包装重量	2~50 g（实际看物料密度）
包装速度	10~25 包/min
制袋长度	16 cm 可调小
袋子规格	卷膜宽度有通用宽度 6 mm、7 mm、8 mm、9 mm、10 mm、12.5 mm、14 mm、16 mm、18 mm、20 mm，可选其他宽度订做
机身重量	60 kg
包装体积	0.42 m³
适用袋子材质	复合膜、过滤纸、铝箔纸、彩色复合膜
适用范围	粉末、颗粒、中药粉末、五谷杂粮、蔬菜种子、茶叶零食、调料、冲饮、五金塑料等各种粉末颗粒

第八节 包装设备

中央厨房的包装类设备包括金属探测机、重量检测机、真空包装机、铝箔封口机、给袋式包装机等，其功能是将完成的餐饮进行有效安全包装。

一、 金属探测机

1. 工作原理

金属检测机用于检测食品、医药、化妆品、纺织等生产过程中混入的金属异物，其原理是一条中央发射线圈和两个对等的接收线圈，这3个线圈装在一个探测头中。振荡器通过中间的发射线圈发射出一个高频磁场，与两个接收线圈相连，但极性相反，在磁场不受外界干扰的情况下，它们产生的电压输出信号相互抵消。一旦金属杂质进入磁场区域，就会破坏这种平衡，两个接收线圈的感应电压就无法抵消，未被抵消的感应电压经由控制系统放大处理，金属检测机就能检测到金属的存在，并产生报警信号（检测到金属杂质）。利用电磁感应的原理，利用有交流电通过的线圈，产生迅速变化的磁场。这个磁场能在金属物体内部产生涡电流。涡电流又会产生磁场，倒过来影响原来的磁场，引起探测器发出鸣声。系统可以利用该报警信号驱动自动剔除装置等，从而把金属杂质排除在生产线以外。

金属探测机的基本类型有通道式金属探测机（适用于袋装物料、盒装产品等）、落体式金属探测机［适用于药片、胶囊及颗粒状（塑料粒子等）、粉末状物品等］、管道式金属探测机（适用于风送真空输送）、平板式金属探测机（适用于纺织布、挤出的片材）。

2. 特点

（1）采用相位调节技术，能够有效抑制产品效应。

（2）采用高速数字信号处理器件和智能算法，提高了检测精度和稳定度。

（3）可检测铁、不锈钢、铜、铝及铅等多种金属材质。

（4）LCD 液晶屏显示，中英文菜单画面，轻松实现人机对话操作。

（5）金属探测器具有自学习功能，能够检测冷冻食品（如水饺、冷冻鱼）、肉类、大米、腌制品等。

（6）金属探测器具有记忆功能，可存储 50 多种产品的检测参数。

（7）简便可拆卸式机架，方便用户清洗。

（8）传送带的特殊设计，避免传送带跑偏。

（9）性价比高，价格极富吸引力。

（10）全不锈钢制作，整机具有极好的防水性能。

3. 图片与参数

金属探测机见图 5 - 40，其主要参数见表 5 - 27。

图 5 - 40　金属探测机

表 5 - 27　主要参数表

产品名称	金属探测机
外形尺寸	1 000 mm × 780 mm × 910 mm（可以根据客户要求尺寸设计）
机器重量	280 kg
马达	可输送重量 5 ~ 50 kg
宽度和高度	宽：200 mm　高：80 mm
电源	AC 220 V ± 10%　50 ~ 60 Hz
使用环境	温度：- 18 ~ 50 ℃，相对湿度：30% ~ 90%
带速	28 m/min 恒定（客户可以根据自己需要设置）
整机材质	全机架采用 SUS304 食品级不锈钢，符合 HACCP、GMP、FDA、CAS 等标准
报警方式	报警停机，蜂鸣器报警或剔除机构可选

二、重量检测机

1. 工作原理

当产品进入重量检测机的称重区后，在线检重秤控制软件系统根据外部信号，如光电开关信号或内部电平信号，识别待检测产品。根据称重机运行速度和输送机的长度，或者根据电平信号，在线检重秤控制软件系统可以判定产品离开称重输送机的时间。从产品进入秤台到离开秤台，称重传感器将检测到重量信号，在线检重秤控制软件系统选取信号稳定区域的信号进行处理，就可得到产品的重量。

2. 特点

自动重量检测机都具有重量信号反馈功能，通常将设定数量的产品的平均重量反馈到包装/填充/罐装机的控制器里，控制器将对加料量进行动态调节使得产品的平均重量更接近于目标值。能提供丰富的报表功能，每区包装数量、每区总量、合格数量、合格总量、平均值、标准偏差及总数量和总累计，可生成柱状图、趋势图、X–Bar–R 管制图、饼图、产量图等统计图表。

3. 图片与参数

重量检测机见图 5–41，其主要参数见表 5–28。

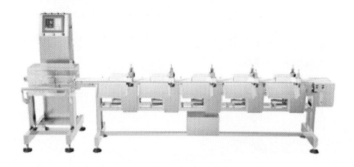

图 5–41　重量检测机

表 5–28　主要参数表

产品名称	重量检测机
传感器量程	≤4 000 g
秤台尺寸	412 mm × 302 mm
显示分度	0.1 g
被测产品的尺寸	长度 <310 mm，宽度 ≤290 mm
最高检测精度	±0.5～1 g
检测速度	0～125 件/min

续上表

产品名称	重量检测机
输送带速度	0～80 m/min
秤台离地高度	750±50 mm（可定制）
分选/剔除类别	标准吹气式，可选挡杆式、推杆式、坠落式
显示操作方式	彩色触摸屏

三、真空包装机

1. 工作原理

真空包装机将包装袋内抽成真空，然后封口，袋内形成真空，从而使被包装物品达到隔氧、保鲜、防潮、防霉、防锈、防蚀、防虫、防污染等目的，有效地延长保质期。真空包装机由真空系统、充气系统、电器控制系统、气动控制系统组成，有三种不同的工作模式。

（1）真空模式：将包装物品放入加热棒下并将抽气嘴套入袋中→踏一次脚踏开关→加热棒在气缸作用下下滑到海绵条压住袋口→袋口停顿→抽真空（像捆扎机一样可根据要求预先设定抽真空时间）→气嘴后退→加热棒继续下滑压住袋口加热、封合、冷却→成品→加热棒恢复至最高位（真空包装机完成一个工作循环）。

（2）充气模式：将包装物品放入加热棒下并将抽气嘴套入袋中→踏一次脚踏开关→加热棒在气缸作用下下滑到海绵条压住袋口→袋口停顿→抽真空→充气→气嘴在气缸作用下后退，加热棒继续下滑加热、封口、冷却→成品→加热棒复位（真空包装机完成一个工作循环）。

（3）封口模式：（可当作一般封口机使用）将包装物品放入加

热棒下→踏一次脚踏开关→加热棒在气缸作用下下滑到海绵条压住袋口，加热、封口、冷却→成品→加热棒复位（真空包装机完成一个工作循环）。

真空包装机所用传动系统虽然应用功能比较简单，但对传动的动态性能有较高的要求，系统要求较快的动态跟随性能和高稳速精度。因此必须考虑变频器的动态技术指标，选用高性能变频器才能满足要求。

2. 特点

真空包装所需设备的另一部分就是包装容器（如真空包装袋），包装容器的种类较多，有塑料，塑料与纸、铝箔等复合材料组成的复合物，玻璃瓶，金属容器以及硬塑料等，对包装容器的选用应根据真空包装食品的性质来定，如罐装食品应用玻璃瓶或金属罐、中药材则用铝箔或塑料等。本设备大幅减少链条传动，提高机器运转的稳定性和可靠性，保证了包装机高效、低损耗、自动检测等多功能，达到全自动的高技术水平。

3. 图片与参数

真空包装机见图 5–42，其主要参数见图 5–29。

图 5–42　真空包装机

表 5 – 29 主要参数表

产品名称	真空包装机
使用电压	AC 220 V
真空泵	2.0 L×2 台
封口宽度机	8 mm
机身材质	不锈钢拉丝
使用功率	780 W
真空时间	10～99 s（可调）
封口长度	36 cm 双边封口
产品型号	DZ – 400B
真空盖	凸形设计

四、铝箔封口机

1. 工作原理

利用电磁感应的原理，将瓶口上的铝箔片瞬间产生高热，然后熔合在瓶口上，以达到封口的目的。

2. 特点

封口速度快，适合大批量产品生产；全不锈钢模具成型外壳，美观大方；使用方便，封口质量好。采用阻隔性（气密性）优良的包装材料及严格的密封技术和要求，能有效防止包装内容物质的交换，既可避免食品减重、失味，又可防止二次污染。

3. 图片与参数

铅箔封口机见图 5 – 43，其主要参数见表 5 – 30。

图 5 – 43   铅箔封口机

表 5 – 30   主要参数表

产品名称	铅箔封口机
包装容器	PP、PET、PE、纸质等盒子
包装材料	PP、PET 或 PET/PE 或易撕膜等胶膜
卷膜宽度	根据实际容器尺寸
封口方式	热封口
电源电压	220 V/50 Hz
功率	1 000 W
产能（PCS/HR）	400 ~ 500 PCS/HR
封口范围	155 mm × 155 mm 以内
外形尺寸	470 mm × 310 mm × 575 mm
整机重量	33 kg

五、给袋式包装机

1．工作原理

给袋式包装机主要是由打码机、PLC 控制系统、开袋引导装置、振动装置、除尘装置、电磁阀、温控仪、真空发生器或真空泵、变频器、输出系统等标准部件组成。主要可选配置为物料计量充填机、工作平台、重量选别秤、物料提升机、振动给料机、成品输送提升机、金属检测机。

主要工作流程：

（1）上袋：袋子用上取下送袋方式，送到机夹，无袋预警，可减少用人及劳动强度。

（2）打印生产日期：色带检测，色带用完停机报警，触摸屏显示，保证包装袋正常打码。

（3）打开袋子：开袋检测，不开袋不落料，保障物料不损失。

（4）填充物料：检测，物料不填充热封不封口，保证不浪费袋子。

（5）热封封口：温度异常报警，保证封口质量。

（6）冷却整形、出料：保证封口美观。

2．特点

给袋式包装机只要将做好的袋子，一次性放在设备的取袋处，设备机械爪会自动取袋、列印日期、开袋、给计量装置信号计量并落料、封口、输出。客户亦可依据产品包装需求增设开门急停、自动投卡、异常排出等细节功能，包装全过程无须人工操作，提高了生产效率，节约了人工费用及管理费用，大幅降低了成本。

3. 图片与参数

给袋式包装机见图 5 – 44，其主要参数见 5 – 31。

图 5 – 44　给袋式包装机

表 5 – 31　主要参考表

产品名称	给袋式包装机
室内尺寸	680 mm × 210 mm × 350 mm
产品重量	85 kg
真空泵	20 L 大抽力工业泵
封口直径	66 cm × 2
封口条宽	8 mm（牢固，不漏气）
真空时间	0.2 ~ 9.9 秒（可调）
封口时间	0.5 ~ 9.9 秒（可调）
冷却时间	0.9 ~ 9.9 秒（可调）

续上表

产品名称	给袋式包装机
额定电压	220 V/50 Hz（可做 110 V）
额定功率	1 500 W
工作时间	可持续 24 小时
包装米砖	1~2 斤一次，10~12 袋；5 斤一次，6 袋；10 斤一次，4 袋

第九节　机械手和机器人

一、机械手

1. 工作原理

一套完整的助力机械手装备主要由三部分组成：平衡吊主机、抓取夹具（或机械手）及安装结构。平衡吊主机是实现物料（或工件）在空中无重力化浮动状态的主体装置；机械手则是实现工件抓取，并完成用户相应搬运和装配要求的装置；安装结构则是根据用户服务区域及现场状况要求以支撑整套设备的机构。机械手的手指有机械式和吸盘式两种形式。机械式手指没有手掌，全靠手指握紧物件；吸盘式手指靠手掌吸附物件。手指的大小、形状、个数、种类配置和动作决定了被抓取物件的大小、形状、重量、材质和受外力的约束程度及运动情况。通常情况下，操作力小于 3 kg 时，用机械手的吸盘来操作；操作力大于 3 kg 时，用机械手的手指来操作。

2. 特点

（1）非金属滚轮采用高强度耐磨尼龙材料加工而成，使用寿命长。

（2）主机可实现不同重量物料的重力平衡状态，适用于物料的精确移载操作。

（3）主机控制与夹具（机械手）集成一体，方便操作者双手控制工件。主机操作按钮都集成于夹具控制面板上，控制部分及指示灯、指示器等按人体工学原理布置，便于操作及紧急情况的处理。

3. 图片与参数

机械手见图 5-45，其主要参数见表 5-32。

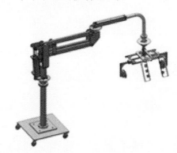

图 5-45　机械手

表 5-32　主要参数表

产品名称	机械手
外形尺寸	280 mm × 150 mm × 450 mm
重量	1.3 kg
材质	全铝合金机体，表面喷砂氧化处理
舵机	6 个数学舵机
控制器	51/STM32/Arduino 三种开源控制器

二、机器人

1. 工作原理

机器人由可移动的身体结构、驱动装置、传感系统、电源和计算机"大脑"等组成，是模仿人类和动物行为的机械。机械人是"能自动工作的机器"，它们的功能有的比较简单，有的就非常复杂，但必须具备以下三个特征。

身体：机器人的外形取决于它的大小、形状、材质和特征等。

大脑：即控制机器人的程序或指令组。当机器人接收到传感器的信息后，能够遵循人们编写的程序指令，自动执行并完成一系列的动作。

动作：完成机器人在程序的指令下执行的某项工作。

2. 特点

机器人是高级整合控制论、机械电子、计算机、材料和仿生学的产物，用来协助或取代人类工作的工作，例如生产、建筑，或是危险的工作。在医疗方面，用机器人辅助手术具有手术切口小、创伤少、患者术后恢复快、住院时间短、感染风险和输血概率低等优点。

3. 图片与参数

机器人见图5-46，其主要参数见表5-33。

图5-46　机器人

表 5 – 33　主要参数表

产品名称	机器人
尺寸	365.1 mm × 448.7 mm
重量	1.68 kg
机体材料	轻便的硬铝合金，表面硬化处理并结合加强结构设计
电池	7.4 V 大容量锂电池
续电时间	可持续运行 90 min
硬件部分	24 路专业舵机控制器

第六章
智能无人化系统集成

中央厨房拥有中央控制平台，集成了安全报警系统、在线卫生检测系统、中央空间温度控制系统、中央空间湿度控制系统、洁净度检测系统、整厂监控系统、食品异物检测系统、物料管理系统、人员调整管理系统等。安全报警系统解决整个车间在出现问题时，实现报警，提醒人员、设备、物流的合理操作；在线卫生检测系统解决设备在加工食品时，其工作过程的安全性，包括有无不正当操作、操作是否异常等；中央空间温度控制系统解决不同区域的温度问题，特别是对熟化区域和冷却区域的温度实时监控；中央空间湿度控制系统用于控制细菌，保证食品安全，对整体环境控制起到关键作用；洁净度检测系统是检测熟化区域、冷却区域、包装区域的空间环境是否达标的保障，保证着食品的卫生性；整厂监控系统实时监控人、物的安全，包括电气安全、消防安全、人员安全、物流安全等；食品异物检测系统筛查食品是否存在异物，提醒对不合格的食品应该及时处理；物料管理系统解决物料工作流程的合理性，保证生产高效性；人员调配管理系统对整个车间的人员进行调配，实现中央控制平台能有效地控制和调配中央厨房的运作。中央控制平台可以掌握中央厨房的整体情况，做到实时监控、实时调度、实时处理，确保遇到问题时可以第一时间解决，保证中央厨房的生产效率，保障食品的安全生产。中央控制平台网络如图6-1所示。

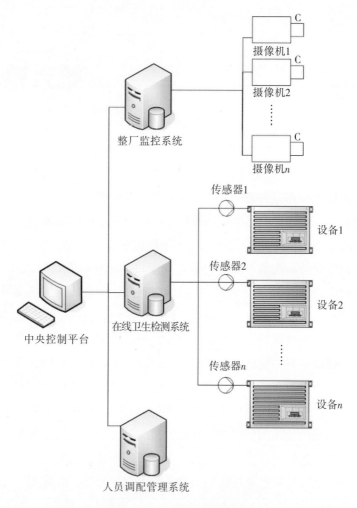

图6-1　中央控制平台网络图

第一节　监控系统

一、生产车间卫生现场监控

正式生产时，实行严格的工作流程管理制度：（1）来料由现场质检人员进行来料品质确认，方可入仓；（2）初加工包括清洗和切配，工作过程全由生产设备智能化完成，但有必要的人员及监控视频进行跟踪监控，其侧重于感观与卫生的管理，确保初加工安全且有效率；（3）熟化加工时，生、熟产品加工一定要分区，由间隔墙进行物理隔离，并通过监控人员和监控视频侧重质量的管理，特别是加工工艺参数的管理，确保熟化过程安全可靠；（4）冷却及包装时能机械处理的尽可能机械处理，一是有利于产品的标准化，二是有利于保证产品的质量；（5）餐饮留样是后续追踪的关键步骤，要做到留样及时，并安全保留一定时期；（6）调料包应做到标准化，使每个口味相同并安全、保鲜、口感好。

二、工作环境监控

环境卫生实行"地域分工、包干负责、落实到人"的原则，具体为：（1）地面、台面干净无水渍、无垃圾、无脏物。（2）墙壁应当定期打扫，保持洁净。禁止私自乱贴、乱刻。（3）制作间各种主、配料陈列有序，不同的餐具有固定的摆放位置，制作人员不混用佐料、器具，或颠三倒四影响卫生。（4）墙角保持清洁，无杂物、无乱堆码，对于临时的堆放应及时清扫干净。（5）垃圾应倒在专用的垃圾箱（桶）内。（6）为保证下水管道畅通，掉到地上的垃圾要扫到垃圾桶里面。（7）各部门用手布应每天消毒、漂白，并晾干。（8）严格坚持"四隔离"制度，即生与熟，成品与半成品，食品（物）与杂物、药物，食物与天然水隔离；零售食品应使用食品夹，严防中毒事件发生。

三、员工个人操作监控

为了获得高标准、高洁净度、高卫生的新鲜食品，需要对员工进行必要的规范管理监控：（1）厨房生产经营的一线员工和服务员须持证（健康证、卫生培训证）上岗，每年进行体格检查；（2）患有传染性疾病者，须经治疗后持医院及卫生部门的健康证方能重新报到上班；（3）操作员上班必须穿戴好工作服（帽），上岗操作过程中，不准穿拖鞋、过高的高跟鞋，不准穿短裤或超短裙，不准穿背心或袒胸露背的衣服，不准抽烟、嚼槟榔，吃瓜子等食品，不准留长发或蓄胡须，不准戴戒指或涂指甲油；（4）进入熟化区的员工必须经过1次风淋后并换防护服才能操作；（5）进入冷却区或包装区的员工必须完成1次风淋并换防护服，到淋浴车间淋浴后，全部换完洁净服才可操作。

四、消防监控

高铁中央厨房建设前需要对图纸进行消防审核，通过后方可建设，消防审核应按照国家相关规定进行。智能消防监控系统由智能终端、基站、云端平台、客户端、其他服务等组成，尤其是利用5G技术，将消防监控设备的物联网消防栓、无线水压探测器、水带、无线水位探测器集成在一起，实施消防水源监测管理，为火灾救援提供了极大的便利，达到自动监控、自动报警、自动灭火等功能。通过图像分析技术和热成像技术，实现监控范围内图像异常自动报警，及时发现火情、消防通道堵塞等问题，防止火灾发生时实施救援受到阻碍。

1. 智能消防监控的作用

智能消防监控是利用物联网、人工智能、虚拟现实、移动互联网等最新技术，配合大数据云计算平台、火警智能研判等专业应用，实现中央厨房消防的智能化，拥有智能感知、互联互通等特点。

（1）统一数据，信息共享。

集监测、报警、监管、信息发布为一体，业主、消防监管部门、行业主管部门、各级政府、公安派出所及社会大众共享信息。一方面，各方人员共同监控消防安全状况；另一方面，若发生警情，可对受威胁人群及时发布警情信息，最大限度减少危害。

（2）大数据分析和智能预测。

通过对消防管理数据进行统计分析，可以对近期预警趋势和火灾发生数量的大致走势进行预判。同时结合消防管理部门的管理经验，为下一步的工作指明方向，起到辅助决策的作用。

（3）监控方式物联网化。

采用3G/4G/LoRa/NB - IOT等最先进的物联网手段，结合监控视频联动调度，全方位无死角监控消防安全重点区域。

（4）信息发布方式移动互联网化。

采用B/S架构的平台、手机APP、微信公众号等多种互联网和移动互联网方式进行信息发布，最大限度满足各方人士的需求。

2. 智能消防监控管理措施

建立智能消防监控系统能够实现火警上报和处理，对中央厨房的火警信息、地点、时间、频次等进行多维度的报表呈现，还可以还原起火点的位置、电话拨打记录、联系人确认情况等信息，为火灾调查提供严谨的科学依据。

（1）接警管理：若中央厨房发生真实火警，系统将显示火警点单位信息、处所地图坐标、内部联系人、平面图、内部危险源及内部灭火资源等多维度的数据信息。同时，GIS系统（Geoyraphic Information System，地理信息系统）会显示火警点外部一定范围内的灭火资源及附近重大危险源等，为救援工作提供辅助决策支持。系统同时向离火警点最近的消防中队、专职消防队、微型消防站等救援力量发送警情信息，并进行最优路径规划，展开灭火救援行动。

（2）指挥调度管理：针对突发事件的多级联动业务特点，进行突发事件联动管理，上级单位可以看到发生的突发事件，并与上级单位事件建立关联关系，以图形化方式展示突发事件树。

（3）预案管理：预案电子化可以分为两种形态，一种形态是将现有预案分页扫描，建立预案目录，并与每页进行关联，以供对原始预案素材的浏览。另一种形态是对预案中的应急组织体系、措施包及措施、职责矩阵与模板进行结构化和数字化，形成可以支撑战时需要的执行方案。

（4）业务系统联动：依靠信息数据、视频图像等，利用相关系统提供的应用模块，实现信息、通信、监控、后勤、保障的统一协同指挥，实现各系统功能及技防装备应急自动联动，将指挥调度实时便捷化，实现对事件的整合及统筹兼顾。

（5）设备巡检：支持前端设备的在线巡检和状态显示、设备硬盘状态检测、视频信号丢失的检测，以及视频通道的视频参数检测。

（6）视频监控：利用视频监控功能可以实现前端视频信号缺失、视频信号清晰度异常、视频信号亮度异常、视频噪声检测、视频偏色、画面冻结、人为干扰、PTZ 失控等异常信号检测管理，发现异常画面采取补救措施，保证前端视频清晰流畅地传送到监控中心。

第二节 在线检测系统

一、 在线检测技术的研究现状

在线检测系统是 1951 年美国西屋公司的约翰逊（John S. Johnson）针对运行中发电机因槽放电的加剧导致电机失效的问题，提出并研制了运行条件下监测槽放电的装置，这是最早出现的在线检测装置。

20 世纪 60 年代，美国最先开发检测和诊断技术，成立了庞大的故障研究机构，每年召开 1 ~ 2 次学术交流会议，例如 60 年代初，美国即已使用可燃性气体总量（TCG）检测装置，来测定变压器储油柜油面上的自由气体，以判断变压器的绝缘状态。但在潜伏性故障阶段，分散气体大部分溶于油中，故这种装置对潜伏性的故障无能为力。日本在线检测技术起步并发展于 70 年代，1975 年起，由基础研究进入开发研究阶段，并推广应用。70 年代以来，苏联的在线检测技术发展也很快，特别是断路器在线检测、温度在线检测和局部放电在线检测。到了 80 年代，加拿大安大略水电局研制了用于发电机的局部放电分析仪（PDA），并成功地用于加拿大等国的水轮机发电机上。

我国开展在线检测技术的开发应用已有十几年了，此项工作对提高设备的运行维护水平、及时发现故障隐患、减少事故和污染排放的发生起到了积极作用。我国从 20 世纪 50 年代开始，几十年来一直根据电力设备预防性试验规程的规定，对电力设备进行电气的停电试验、检修和维护。自 80 年代以来，我国的在线检测技术得到了迅速发展，各单位相继研制了不同类型的检测装置，特别是各省电力部门，都研制了电容性设备的检测装置，主要检测电力设备的介质损耗、电容值和三相不平衡电流。电力工业部电力科学研究院、武汉高压研究所和东北电力试验研究院等单位，除研究电容性设备的检测外，还研制各种类型的局部发电检测系统。电力科学研究院和西安交通大学还结合油中气体分析，开展了用于绝缘诊断的专家系统的研究工作。

数十年来，在线检测技术的发展一直受到传感器技术、信号处理技术、电子和光电技术、计算机技术等技术发展的约束。

二、 中央厨房在线检测技术的实现

中央厨房的设备，特别是初加工设备和熟化设备、冷却设备和包装设备等需要稳定运行，但设备在运行过程中存在磨损、工作不稳定的情况，需要有检测传感器进行在线检测，对设备的问题可以做到提前预警、实时报警等。问题检测完成后，通过网络反馈到中央控制平台，中央控制平台对问题进行有效的处理。

中央厨房的在线检测主要集中于初加工设备检测、熟化加工设备检测、冷却设备检测、包装设备检测和异物检测等，要能检测到每台设备的生产工作情况，并将生产数据集中反馈到在线检测系统中。

1. 在线检测的过程

（1）信号的传送由相应的传感器来完成，它从各类设备上，检测那些反映设备状态的物理量，例如电流、电压、温度、压力、气体成分等，通过 D/A 转换为合适的电信号，传送到后续单元，它对检测信号起着观测和读数的作用。

（2）信号的处理功能可对传感器送来的信号进行适当的预处理，将信号幅度调整到合适的电流，对混叠的干扰采用滤波器、极性鉴别器等硬件电路进行抑制，以提高系统的信噪比。

（3）数据采集指对经过预处理的信号进行采集、A/D 转换和记录。

（4）处理和分析采集的数据，例如，对获取的数字信息做时域和频谱分析，利用软件滤波、平均处理等技术，对信号做进一步的处理，以提高信噪比；获取反映设备状态的特征值，为诊断提供有效额数据信息。

（5）诊断指根据其他信息对处理后的数据和历史数据进行比较、分析后，对设备的状态或故障部位做出诊断。

（6）将诊断结果输入在线检测系统中，利用中央控制平台对设备采取在线修复、停机检查和修复等手段，保障设备的正常有效运行。

2. 整个检测系统的子系统

（1）被检测设备和传感器，设在设备现场。

（2）信号预处理和数据采集子系统，一般设在被检测设备附近的现场。

（3）信号处理和诊断系统，实则是一台计算机和检测系统专用软件，位置在距现场数十至数百米的主控室内。

第三节 物料调度系统

中央厨房在生产过程中，需要根据生产需要调度原料，在分包装时，需要根据客户需求将不同餐饮打包在一个餐饮盒内，这时需要对物料进行有效的调度。中央厨房的物料调度包括原料调度、熟化餐饮调度、周转箱调度等，在调度时应遵循以下原则。

一是调试要与市场订单相结合，也要与实际生产能力相结合，合理地安排生产计划，实施现场调度，使调度原料能及时消化，又不耽误生产。

二是调度要与现场紧密配合，并做到以下8点：

（1）来料要有来料组，并与现场质检人员进行来料品质确认。

（2）以组为单位对接加工任务，调度采用"先进先出"的原则，加强与仓库沟通，出库和入库前经现场质检人员进行确认签字。

（3）加工组人员负责原料和产品的归零工作，杜绝产品浪费，有助于节约，保证产品的合格率。

（4）调度的物料要核对信息，使餐饮信息及时更新，便于产品信息化管理。

（5）调度时，注意生、熟产品加工一定要分区，生区侧重于感观与卫生的管理，熟区则需要全面的质量管理，特别是加工工艺参数的管理。

（6）对所有物品实行定位管理，合理有效地安排物品摆放及存放，提高工作效率。

（7）能机械处理的，尽可能机械处理，一是有利于产品的标准化，二是有利于产品的质量保证。

（8）调度时应便于餐饮的标准化、规模化生产。

第四节　食品信息跟踪系统

中央厨房的食品信息跟踪系统是一个能够连接农业、工业、商业的产业链安全系统，它把农产品的原料生产、加工、检验、监管和消费各个环节连接在一起，实现可追溯功能，提取了农产品的来源、加工过程、流通过程、消费等供应链环节的所有信息，建立食品安全信息数据库，一旦发现问题，能够根据溯源进行有效的控制和召回，从源头上保障消费者的合法权益。

一、信息数据的建立

1．原料信息的录入

管理原料供应商的基本情况，包括农产品的种植或养殖基地、来料日期、使用药剂信息等，通过建立数据库录入信息，并生成二维码，制成标签粘贴在包装箱上后运输到中央厨房原料库。

2．加工信息的录入

将每个餐饮的加工过程生成信息，包括原料二维码信息、加工日期、配料信息、加工人员和设备信息、检验信息等，确保生产出的餐饮的所有信息都明确有效，并将其录入数据库内，并在包装完成后生成二维码，在餐盒上标明二维码信息、餐饮组织部分信息等，便于消费者跟踪查询。

3. 商业信息的录入

将加工信息、流动过程信息、成分或配料表、加工日期或时间、保质期、保存条件、食用方法、加工单位名称、地址、联系方式、消费客户信息等集中录入数据库，使中央厨房的产品从源头到最终消费者手中，都可追溯信息，保证食品安全。

二、食品跟踪系统的意义

（1）利用二维码信息对食品的安全进行追溯管理，一是从上往下进行跟踪，即从原材料供应商、加工商、运输商、销售商到销售点，这种方法主要用于查找造成质量问题的原因，确定产品的原产地和特征；二是从下往上进行追溯，也就是消费者在销售点购买产品时发现了安全问题，可以向上层层进行追溯，最终确定问题所在。

（2）用二维码对商品进行溯源，从质量管理部门到食品生产的上下游企业，再到食品流通和销售的各个渠道商，直至最终消费者，都能随时了解和查询产品信息及对问题出现进行跟踪，从生产到消费的每个环节的相关者都能参与到对产品质量的有效监督中，让食品安全问题无处可藏，不再发生。

（3）实现对种植养殖源头污染、生产加工过程的添加剂及有害物质、流通环节中的安全隐患的全面监控，任何环节出现问题，都可以准确地查找出来，明确相关的责任人，避免找不到原因与责任人的问题，给管理带来准确和方便。

（4）通过网络，消费者和企业管理人员都能够追踪查询相关食品的完整信息，使其能够通过系统查询所购食品的来源及生产流程。

（5）食品溯源系统可以强化食品行业产业链中各企业的责任，

扶正抑劣，助于保护企业信誉。

（6）采用 B/S 架构，模块化集中管理，更加友好的人性化操作界面方便日常管理中的查询和处理，较高的可靠性与交互操作能力可确保数据的完整性，具有丰富的扩展性。

第五节　中央控制集成系统

中央控制集成系统是集成多个数据库信息，将安全报警系统、在线卫生检测系统、中央空间温度控制系统、中央空间湿度控制系统、洁净度检测系统、整厂监控系统、食品异物检测系统、物料管理系统、人员调整管理系统等聚集在一起，实现功能统一指挥、统一调控，达到统一协调的作用。

中央厨房的中央控制集成系统主要作用包括：①以中央厨房的生产工艺过程为主线，以烹饪过程为中心，为中央厨房的每个环节提供技术实现方案和服务；②根据中央控制集成系统为每个分系统提供参数，使客户及时了解到每个数据，帮助客户获得最佳的运行效果；③通过开发多个系统的集成，将所有数据集成在一起，并可进行即时查询，使生产出的餐饮能有全过程的数据跟踪，方便管理者查询；④为管理者提供管理和设备升级的依据，提供组织合理、管理有效、技术有保障的系统集成是成功的关键。

中央厨房的中央控制集成系统是根据创造需求和引导需求建立的，为使其更好地运营，需要注意以下几点内容：①根据客户需求，采用餐饮多样化构建，形成统一化、规范化管理的餐饮标准，促使中央厨房生产出的餐饮满足客户的个性化需求；②调整完善内部管理机制分工、协调、项目管理，在管理中出效益；③加强中央厨房的长期投入，与客户建立长期的合作关系，杜绝短期行为和只注重眼前利益的行为，提高服务质量，树立、维护良好的企业形象；④不断调整技术结构，跟踪新技术方展，提高中央厨房运营效果；⑤注重行业性应用软件的开发，从原始厂商了解产品技术，将新技术、新工艺整合到集成系统中，提供特色的解决方案，吸引客户的眼球。

第七章
食品安全检测

第一节　食品安全检测室的布局

　　《中华人民共和国食品安全法》（以下简称《食品安全法》）已由中华人民共和国第十二届全国人民代表大会常务委员会第十四次会议于 2015 年 4 月 24 日修订通过，修订后的《食品安全法》已公布，自 2015 年 10 月 1 日起施行，2018 年 12 月 29 日进行修订。国家食品药品监督管理总局局务会议审议通过《食品生产许可管理办法》和《食品经营许可管理办法》，于 2015 年 10 月 1 日起施行，要求企业相关单位人员掌握新动态、准确理解管理办法、规范食品生产经营许可活动、加强食品生产经营监督管理，保障公众食品安全。

　　大型中央厨房食品安全溯源检测系统建设是发现食品安全问题

和做好食品安全管理的重要手段。随着新《食品安全法》的实施，企业自身食品安全内控检测的加强，将产生更多的食品安全检测数据。以"大数据"为基础，建立食品检测数据整合，充分整合企业食品各种检测数据资源，建立企业食品风险评价体系、风险监测研判预警体系，建立企业食品安全可追溯体系，建立食品安全企业风险管理防控联动机制。

一、 主要目的

在中央厨房设立食品安全检测室的主要目的是实现食品安全可溯性，采用食品安全检测技术、实时监控传输数据交换技术、嵌入设备、RFID 技术、二维码扫描技术、物联网技术、移动互联网技术、大数据缝隙等，将生产、加工、流通环节和食品安全质量进行网络化和信息化管理，实现食品安全检测资源和监控信息资源共享，并建立风险预警监控。食品安全检测室是按食品安全追溯国家标准对餐饮企业全流程进行管理创新、模式创新的先进企业食品安全流程溯源管理系统。

二、 检测项目

瓜果、蔬菜、粮食、食用油、米面及制品、肉类及肉制品、豆类及豆制品、蛋类、干货、水产品、水发产品、酱腌菜（泡菜）、调味品、奶及乳制品、餐具、食品加工器皿、水质等。

三、 检测室的业务内容

适用于中央厨房的食品安全检测的各类项目，检测项目涵盖农药残留、非食用化学添加物、细菌总数、致病菌微生物、重金属、兽药残留、抗生素、食品添加剂。使用食品安全快速仪器等系列检测产品进行快速筛查，使用近红外光谱仪、原子吸收光谱仪、微生物快速检测系统等对成品进行分析。配合食品安全可追溯系统的建设，通过食品安全检测、食品可溯源展示、可溯食物链、数据采集传输等，实现大型中央厨房食品安全情况可监控、生产原料可追溯、生产过程可监控、生产成品可溯源。

四、食品安全溯源检测的设计

在餐饮中央厨房食品安全检测室的设计过程中，应符合：①加工制作的食品品种与检验室相匹配；②按品种和批次对食品原料及产品进行检验；③生产加工场所天花板离地面2.5 m以上；④生产加工场所墙壁应用光滑、不吸水、浅色、耐用和易清洗的材料，并铺设到顶。

中央厨房的检测室包括：入口农残理化检测实验室样品前处理室，由盥洗室、准备室构成；入口原材料农残理化检测，在理化检测室完成；成品出口微生物检测，在微生物检测室、分析检测室完成。其各自的配套仪器功能如表7-1至表7-4所示，对应的建设样品效果如图7-1至图7-3所示，其中农残理化检测实验室25 m²、微生物检测室25 m²、分析检测室20 m²。

表7-1 入口农残理化检测实验室样品前处理室仪器配置

盥洗室	
仪器名称	检测内容及作用
恒干燥箱	烘干检验材料和器皿

续上表

高压灭菌器	对器皿进行灭菌
准备室	
仪器名称	检测内容及作用
1CN 万分之一电子分析天平	对试剂进行精准称量
台式电子粗称天平	对检测材料及试剂进行称量
180 低速大容量离心机	对材料进行初步分离处理
组织捣碎机	对肉类进行捣碎
高速匀浆机	对肉类、鲜软植物材料进行匀浆，以提取待测物
样品粉碎机	对硬脆性食材进行粉碎
酸度计	配试剂时测酸度
烧杯、试管、量筒、量杯、移液管、锥形瓶、玻璃棒、容量瓶、比色管、吸管等玻璃器皿（蜀玻）	实验材料的临时分装容器
试剂柜	放试剂
器皿柜	放器皿
普通冰箱	放试剂、材料
磁力加热搅拌器	配试剂
单道微量可调移液器	吸取液体试剂
漩涡振荡器	配液时混匀振荡

表7-2 入口原材料农残理化检测实验室仪器配置

仪器名称	检测内容及作用
智能农药残留速测仪	根据农药残留国家快速检测标准,快速地检测蔬菜、水果、粮食中有机磷和氨基甲酸酯类农药残留量
智能多功能食品综合分析仪(12通道)	可快速定量检测食品中常见化学有害物质如甲醛、吊白块、二氧化硫等,以及着色剂、抗氧化剂、甜味剂等添加物含量
水浴箱	实验物品的清洗
电脑及打印机	检验数据管理及出检验报告
理化检测实验室配套检测试剂、试纸等耗材	检测农药残留配套的农残试剂盒,兽药残留试剂盒、黄曲霉等霉菌毒素、重金属、微生物检测试剂盒,甲醛、吊白块、二氧化硫等化学有害物的配套试剂盒

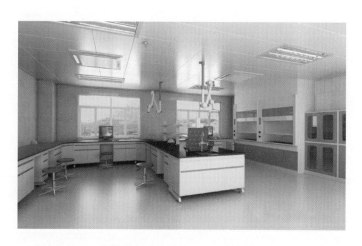

图7-1 入口原材料农残理化检测实验室效果图(25 m²)

表7-3　成品出口微生物检测室仪器配置

仪器名称	检测内容及作用
手持式 ATP 荧光检测仪	生产加工过程清洁控制，检测食品生产线的清洁度；包装的消毒评估；成品及原料微生物测定；加工环境卫生监测，可检测有机物残留，有利于阻止微生物生长
MBS 微生物快速检测系统	检测范围：细菌总数、大肠菌群/大肠埃希氏菌/粪大肠菌群/大肠杆菌 O157，金黄色葡萄球菌、沙门氏菌、李斯特菌、霉菌、酵母菌等微生物项目
菌落分析仪	计数、分析菌落
恒生化培养箱	培养细菌
恒温振荡培养箱	培养兼性需氧类细菌
304 不锈钢灭菌筐	容器的灭菌存放
生物安全柜（双人）	危险性、未知性的空气净化负压安全装置
微波炉	加热和热化
数显可调电炉（4 组）	控制加蒸温度和时间
显微镜	观察微生物
电脑及打印机	检验数据管理及出检验报告

图 7 - 2 成品出口微生物检测室效果图（25 m²）

表 7 - 4 分析检测室仪器配置

仪器名称	检测内容及作用
通风橱	放置和使用消解仪
全自动氮吹浓缩仪	有机物分析前处理

图 7 - 3 分析检测室效果图（20 m²）

第二节 食品安全常规检测方法

食品安全检测是微量或痕量分析，必须采用高灵敏度的检测技术才能实现。自20世纪50年代，各国科学家就开始研究食品安全的检测方法。常规检测的分析方法有光谱法、酶抑制法和色谱法等。

一、常规检测方法

1. 光谱法

光谱法是根据有机磷农药中的某些官能团或水解、还原产物与特殊的显色剂在特定的环境下发生氧化、磺酸化、络合等化学反应，产生特定波长的颜色来进行定性或定量测定。检出限在微克级。它可直接检测固体、液体及气体样品，对样品前处理要求低、环境污染小，分析速度快。

但是，光谱法只能检测一种或具有相同基团的一类有机磷农药，灵敏度不高，一般只能作为定性方法。

2. 酶抑制法

酶抑制法根据有机磷和氨基甲酸酯类农药能抑制昆虫中枢和周围神经系统中乙酰胆碱的活性，造成神经传导介质乙酰胆碱的积累，影响正常神经传导，使昆虫中毒致死这一昆虫毒理学原理进行检测。

3. 色谱法

色谱法是食品安全分析的常用方法之一，它根据分析物质在固定相和流动相之间的分配系数的不同达到分离目的，并将分析物质的浓度转换成易被测量的电信号（电压、电流等），然后送到记录仪记录下来。主要有薄层色谱法、气相色谱法和高效液相色谱法。

二、 快速检测技术

常见的快速检测技术有化学速测法、免疫分析法、酶抑制法和活体检测法等，具体方法及适用范围各有不同。

1. 化学速测法

主要根据氧化还原反应，水解产物与检测液作用变色，用于有机磷农药的快速检测，但是灵敏度低，使用有局限性，且易受还原性物质干扰。

2. 免疫分析法

主要有放射免疫分析和酶免疫分析，最常用的是酶联免疫分析（ELISA），基于抗原和抗体的特异性识别和结合反应，对于小分子量农药需要制备人工抗原才能进行免疫分析。

3. 酶抑制法

这是研究最成熟、应用最广泛的快速农残检测技术，主要根据的是有机磷和氨基甲酸酯类农药对乙酰胆碱酶的特异性抑制反应。

4. 活体检测法

主要利用活体生物对食品安全的敏感反应来判定农残量，例如给家蝇喂食样品，观察死亡率。该方法操作简单，但定性粗糙、准确度低，对农药的适用范围窄。

第三节　食品安全检测的工艺流程

一、工艺流程及规范

食品中的农药残留分析是在复杂的基质中对目标化合物进行鉴别和定量。农药残留的一般分析过程为提取—净化—检测。经典的农药残留分析步骤通常是：水溶性溶剂提取—非水溶性溶剂再分配—固相吸附柱净化—气相或液相色谱检测。

样品的提取和净化是前处理最为重要的部分，样品前处理不仅要求尽可能完全提取其中的待测部分，还要尽可能除去与目标物同时存在的杂质，避免对色谱柱和检测器等的污染，减少对检测结果的干扰，保障检测的灵敏度和准确性。因此提取、净化是农药残留分析过程中一个十分重要的前处理步骤，其好坏直接影响到分析结果的准确性和可靠性。

经典的提取、净化方法主要有：振荡浸取、组织捣碎、超声波提取、索氏提取、液—液分配、柱层析、共沸蒸馏等。目前，常见的前处理新技术包括：固相萃取、膜辅助萃取、加速溶剂萃取、微波辅助萃取、固相微萃取、液相微萃取、凝胶渗透色谱、超临界流体萃取、基质固相分散萃取、分子印迹合成受体、超临界水萃取、吹扫蒸馏技术、分散固相萃取等。

以酶抑制法为例，根据国标 GB/T 5009.199—2003 的要求，利用农药残留快速检测仪对样品进行快速检测的工艺流程分为采样、样品前处理、提取样品液体、提取酶试剂、结果判定、检测结果处理和检测后处理等 7 个步骤。具体流程包括：取出冰箱内的酶试剂→开机预热 15 分钟→采样→样品前处理→提取样品液体→提取或配制酶试剂→仪器调"0"→仪器调"100"→提取样品→加酶液和显色剂→做好记录→检测对照→检测样品→联网上传数据。

1. 采样

采样要做好记录，所采样品为即将上市或正在上市的蔬菜，样品要新鲜、洁净、不带泥浆。绿叶菜类蔬菜至少从不同 5 个点上取 5 株，对于大棵绿叶菜可取不同点上 5 株蔬菜外叶；茄果瓜类等大果型蔬菜至少从不同 3 个点上取 3 个果实。要求每个样品单独存放，并做好标记。

2. 样品前处理

（1）所有备检样品在检测前无须进行水洗，否则影响数据准确度。

（2）叶菜类：至少取不同株上的 5 片叶片叠加，剪成 1 cm 见方，秤取 2 g，加 10 mL 提取液。

（3）颜色深叶菜类：对一些叶绿素较高的蔬菜，也可采取整株蔬菜浸提方法，减少色素干扰。

（4）非菜叶类：取果实的表皮，用刀从上而下沿表面削取一片，为增加检测代表性，从不同的 3 个果实上各削取一片，剪成 1 cm^2 大小，称取 4 g。

（5）豆类：用刀切片，其中毛豆去壳后检测，在浸泡中会有部分白色外皮浸出，检测液需过滤。

（6）水果类：如葡萄、提子、杨梅，整颗提取，取 1 颗，加提取液 10 mL，振荡提取 5 分钟，中间将样品用玻璃棒转位置，使样品各表面充分接触提取液。

注：提取后取 2.5 mL 上清液，再按正常步骤检测。特殊样品

前如葱、蒜、萝卜、韭菜、芹菜、香菜、茭白、蘑菇，以及番茄汁液中含有对酶有影响的植物次生物质，容易产生假阳性，处理这类样品的时候，可采取整株处理浸泡或淋洗。

3. 提取样品液体

（1）使用移液枪或移液管提取 5 mL 提取液，严禁使用针筒、试管等移液。

（2）烧杯中的蔬菜要放平，提取液要浸没蔬菜。

（3）提取时间：静置 10 分钟，振荡 3 分钟。

（4）严禁直接倒入带有刻度的试管。

4. 提取酶试剂

（1）提取未开封的存放在 -18 ℃的酶制剂。

（2）每次检测时先将酶和底物取出，等降到室温后再进行配置。

（3）配置好的酶和底物最多在 4 ℃的冰箱内存放 4 天，使用时降到室温后重做对照。

（4）加试剂时移液枪一定要垂直于试管，不能让试剂留在试管壁上，加好后要摇匀。

（5）每组在加酶和显色剂后要记录好时间，每 5 分钟加一组酶和显色剂并列表记录。

5. 结果判定

（1）ΔAc 值一定要 >0.3，否则计算出来的样品抑制率是错误的，遇到这种情况请重做实验。（ΔAc 值 <0.3 的原因：①操作问题，如加样量不准确；②酶温度太低或酶失去活性）

（2）根据国家标准 GB/T 5009.199－2003 要求，当蔬菜样品提取液对酶的抑制率≥50%时，表示蔬菜中有高剂量有机磷或氨基甲酸酯类农药存在，样品为阳性结果。阳性结果的样品需要重复检验

2 次以上，确保不是操作问题导致的假阳性。如有必要，可用气相色谱等方法做进一步确认。

（3）阳性样品复检，在添加样品名称时，需把样品编号改成初检编号，初检编号可在"查询"中查看。

（4）如需打印数据，请在农残仪页面未清空时打印。页面清空后无法打印之前的数据。可在"查询"中查看数据是否已上传。

（5）如果需要重新做实验，步骤为：清空→关上盖子→不放入比色皿，按"通道初始化"；如果需要添加菜名，步骤为：设置→样品名称→添加；如果需要修改服务器，步骤为：设置→数据中心→更改→确定。

6．检测结果处理

（1）阴性结果：结果为阴性时，可直接上传至系统。

（2）阳性结果：结果为阳性时，复检一次，如复检结果为阴性，则可直接上传数据；如复检结果还是为阳性，则数据上传后，检测样品做退换货处理，并做好退换货记录备查。

7．检测后处理

（1）烧杯清洗干净倒置在干净纱布上，每周要进行一次浸泡清洗，保持烧杯壁干净透明，不留水垢。

（2）试管清洗干净倒置在试管架上，每周要进行一次浸泡清洗，保持试管壁干净透明，不留水垢。

（3）比色皿需用蒸馏水冲洗 3 次，方可再次使用。使用完清洗后要倒置，等水渍干后放入比色皿盒中保存。

（4）清洗比色皿，光面不能用手触摸，当光面透明度下降时要更换新的使用，使用过的需倒置。

二、 注意事项

(1) 平时试剂需要放在 2～8 ℃环境中保存，缓冲液可直接放在室温环境中保存，配制好的试剂在使用前要先恢复到室温，否则会影响结果的准确性，试剂使用前请摇匀。

(2) 比色皿为易碎材质，需要小心保管，在实验过程中，请勿碰触比色皿的光滑面，以免影响结果的准确性。

(3) 试剂避免交叉污染，取出后的试剂不可再打回瓶内。

(4) 酶配制后 10 天内用不完的，建议分装为两瓶保存，以避免酶活性因反复解冻而降低。

(5) 每加一次试剂，移液器的枪头都必须更换，避免试剂受污染。

(6) 处理色素含量较高的果蔬样品，应采取整株（体）浸提，尽量避免过多色素浸出，干扰测定。若实验室有条件，对色素干扰严重的过滤液，可用活性炭脱色处理，过滤或离心后，取清液作为待测液。

(7) 葱、蒜、萝卜、韭菜、芹菜、香菜、茭白、蘑菇及番茄汁液中，含有对酶有影响的植物次生物质，容易产生假阳性。处理这类样品时，可采取整株浸提，避免次生物质干扰。

(8) 显色剂存放于棕色瓶，避光保存，最多使用 30 天。

(9) 每次配置试剂时清洗试剂瓶，配置好的试剂在常温下保存，如在冰箱内存放的，要在降到室温后再提取。

三、 数据管理

(1) 检测数据管理：将检测数据按一定条件上传到溯源系统。

（2）台账数据更新：供货商供货信息台账基础数据同步到检测溯源系统。

（3）生产档案管理：对食品生产过程的数据资料进行管理，采收时间及批次、质量安全检测、准出审核、产品包装批号/条形码等数据资料进行综合关联管理；有关产品生产溯源数据信息，通过网络及时准确上传到溯源系统。

第八章
清洁与卫生

第一节　人员清洁卫生

进入中央厨房人员必须进行消毒，进入非熟化区域、非冷却区域、非包装区域的人员，需要洗手→洗脚→风淋；进入熟化区域、冷却区域和包装区域的人员，需要洗手→洗脚→风淋（一次更衣）→淋浴（二次更衣）。

一、手部消毒

进入中央厨房所有人员必须先进行洗手消毒，洗手池的建设要求如下。

（1）在中央厨房入口处设立洗手设施。

（2）食品处理区内设置足够数量的洗手设施，其位置设置在方便员工的区域。

（3）洗手池的材质为不透水材料，结构易于清洗，高度为 50 cm。

（4）消毒水池龙头采用感应龙头或者脚踏式龙头，条件允许的情况下也可使用消毒水池联动门。

（5）洗手消毒设施旁设有相应的清洗、消毒用品和干手设施，配备指甲修剪设备，员工专用洗手消毒设施附近有洗手消毒方法标识，如图 8-1 所示。

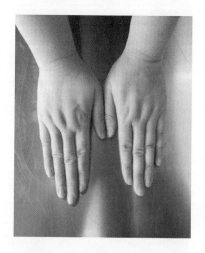 

步骤一　检查双手，指甲不得长于指尖，若不合格，需处理后方可进行下一步骤

步骤二　清水冲洗手部，去除可见的污物

步骤三　轻按皂液盒，挤出适量
洗手液于手心

步骤四　掌心对掌心搓擦

步骤五　手指交错，掌心对手背
搓擦

步骤六　手指交错，掌心对掌心
搓擦

步骤七 双手互握，互搓指背

步骤八 拇指在掌中转动搓擦

步骤九 双手互搓手腕

步骤十 拇指在掌中转动搓擦

步骤十一　双手置于烘干机下方　　　　步骤十二　烘干后双手置于酒精
出风口处，均匀烘干双手　　　　　　　喷射器喷射口下方，使用75%
　　　　　　　　　　　　　　　　　　浓度的酒精均匀喷洒双手

图8-1　洗手消毒方法

二、脚部消毒

所有人员进入中央厨房前，需将自己的鞋子换成规定的靴子，并在消毒池进行消毒。建设消毒池需要注意以下事项。

（1）消毒池的材质为不透水材料，结构易于清洗，长度不小于2 m，宽度应与走道相同，深度为20 cm。

（2）消毒水浓度为400 PPM，84消毒液与水的比例为1∶100，即2 kg 84消毒液兑200 kg水。

（3）消毒池内消毒水深度应没过靴底1 cm以上。

（4）消毒液必须每4小时更换一次，即早晨上班配置消毒水一次，下午上班重新配置一次，晚上上班再重新配置一次。

（5）消毒池水应当每 2 小时检测一次，浸脚消毒池水氯含量应保持在 5～10 mg/L。

（6）闭池后，应对池面及池壁进行清洗消毒，可按 4 L 水加一片洁霸消毒片进行清洗，擦拭消毒。

（7）脚部消毒，风干后方可进入风淋室。

三、风淋消毒

风淋室是人货进入中央厨房必经的通道，可以减少进出洁净室所带来的污染问题，减少由于人货进出带来的大量尘埃粒子。当人货通过风淋室，经过 25 m/s 以上风速高效过滤的高度洁净空气时，飘移微粒和污染微粒可被吹掉。为了保持风淋的安全使用，维持洁净室环境的洁净度需要建立风淋室。

1．风淋室结构设计

风淋室装于中央厨房入口处，其与中央厨房墙板间不可有空隙。风淋设备分有底座型及无底座型，有底座型可在调水平后，直接用硅胶填补修饰；无底座型需先以膨胀螺丝固定后，再以硅胶填补修饰。电源接线请按规格上所示电压，连接至设备上方接线盒内的端子台 R、S、T、E 端。

（1）风淋室门、门框、拉手、加厚地台板和风淋喷嘴等采用全 304 不锈钢制造。

（2）自动化控制，单人单吹风淋室系统采用 PLC 智能化的控制手段，控制面板上 LED 显示屏可正确显示风淋的运行状态、双门的互锁状态、风淋周期进度和延时开门状态，并设有光电感应器。单向通道风淋室，从非洁净区进入，关门后红外线感应到人就吹淋，吹淋后入门锁闭，只能从出门走出风淋室。人员在风淋完成后更换工作制服，才可进入中央厨房。

（3）单人单吹风淋室采用主板软键触按式时间继电器和 LED 显示屏显示及设置吹淋时间，范围在 10～99 s 可调，可根据风淋室外部环境的差异调节吹淋时间。

（4）采用 AAF 初、高效过滤器两级过滤系统，无隔板低阻力高效过滤器，过滤效率为 99.99%，确保净化级别。

（5）匹配不锈钢多角度可调喷嘴，双涡壳外转子大风量低噪风机，确保风嘴出风口风速达 25 m/s 以上，吹到人身上风速达 18 m/s 以上。

（6）采用高性能、高密封的进口电子元器件，保证运行稳定可靠，利用 EVA 密封材料，使风淋室密闭性高，确保装置系统的噪声在 68 dB 以下。

（7）为节约风淋时间，中央厨房对于员工的风淋采用双人双吹风淋室，内部尺寸为 800 mm×1 930 mm×1 910 mm。

（8）中央厨房对于货物的风淋室设在原料入口处，内部尺寸为 800 mm×1 930 mm×1 910 mm。

2. 风淋流程规范

人员进入风淋室后需要按照下列流程进行操作。

（1）进入洁净无尘室应在外更衣室脱去外衣，除下手表、手机、饰品等物品。

（2）进入内更衣室，穿戴净化无尘衣、帽、口罩和手套。

（3）拉开不锈钢风淋门进入风淋室后，风淋门立即自动关闭外门，红外线感应，风淋自动启动，吹淋 15 s。

3. 风淋室保养方法

（1）前置过滤网（pre-filter）：卸下循环空气回风口即可轻易拉出前置过滤网，定期以压缩空气、水洗、真空吸尘方式等清洁，每个月清洁 2～3 次。

（2）主过滤网（mainfilter）：以风速计检测风速值或压差计测压差的方式进行，当风值减半或压差值加倍时，需要更换主过滤网，检测周期每年 2～4 次。

（3）外部清洁：每周用吸尘器清理底板上堆积的污染物 1 次。

（4）先用 5% 苯酚全面喷洒室内，然后用甲醛熏蒸，杀死风淋室内的细菌、杂菌芽孢，达到无菌效果。

四、淋浴消毒

进入中央厨房淋浴消毒空间是进入熟化空间、冷却空间、包装空间等洁净空间前的必要工作流程，淋浴完成后，将自己全部的衣服脱下，更换专业的经过消毒的制服后，方可进入。

1．基础建设

（1）淋浴消毒空间设有浴室、等候室、更衣室、厕所等，更衣室设有相应数量的座椅、衣柜。

（2）浴室分为男浴室和女浴室，每个浴室分里、外间，外间设置衣橱，里间安装 20 个淋浴喷头，相邻淋浴喷头的间距不小于 0.9 m。

（3）浴室水源来源于热回收热水或锅炉热水，但优先用热回收热水。

（4）浴室地面坡度不小于 2%，地面贴防滑的瓷砖；墙面满贴瓷砖；天棚应为弧形，刷抗滴水漆，防止结露滴水；气窗与地面之比应为 1∶500 左右；照明灯需可防水蒸气和漏电。

（5）排水管道采用圆形地漏，污水直接接市政污水管道。

（6）淋浴室应设气窗，保持良好通风，气窗面积为地面面积的 5%。

2. 卫生注意事项

（1）衣柜内应配有消毒后的专业服装，专业服装应编有号码，号码与操作人员的工码保持一致。

（2）浴室内及其卫生间应及时清扫、消毒，做到无积水、无异味。

（3）应设有禁止患性病和各种传染性皮肤病（如疥疮、化脓性皮肤病、广泛性皮肤霉菌病等）的人员就浴的明显标识。

3. 卫生标准值

表 8-1　卫生标准值

项目	更衣室	淋浴室（淋、池、盆浴）
室温/℃	25	30~50
二氧化碳/%	0.15	≤0.10
一氧化碳/（mg·m^{-3}）	≤10	—
照度/lx	≥50	≥30
水温/℃	—	40~50
浴池水浊度/度	—	≤30

第二节　设备消毒

一、中央厨房设备消毒的要求

中央厨房对于用具、设施设备清洗消毒保洁需达到以下几方面的要求。

（1）根据加工食品的品种，配备能正常运转的清洗、消毒、保洁设备设施。

（2）能采用有效的物理消毒或化学消毒。

（3）接触直接入口食品的工具、容器需要用专用的清洗消毒水池，要与食品原料、清洁用具及接触非直接入口食品的工具、容器清洗水池分开。

（4）使用不锈钢或陶瓷等不透水材料的工用具，消毒水池不易积垢并易于清洗。

（5）设专供存放消毒后工用具的保洁设施，需标记明显、易于清洁。

（6）清洗、消毒、保洁设备设施的大小和数量能满足需要。

二、中央厨房设备消毒的方式

中央厨房设备的消毒方式主要包括以下几种。

1. 煮沸消毒

煮沸消毒是最常用的既安全又经济的消毒方法，不需要特殊的设备，不存在药物残留问题，一般中小型饭店都能做到，只需有专用的消毒锅灶即可。消毒时，将洗净的餐饮具、食品工用具容器放入水中煮沸（100 ℃）3～5分钟。在煮沸时，物品必须全部浸没在水中。

2. 蒸汽消毒

蒸汽消毒与煮沸消毒具有同样的效果，适用于宾馆、饭店等有锅炉的大型食品生产经营单位。消毒时将洗净的餐饮具、食品工用具容器侧放于盘中置于蒸汽消毒柜内进行消毒，亦可将碗碟口朝下直接放入蒸汽消毒柜内进行消毒，这样可免除消毒后的餐饮具、食品工用具容器内积水，保证消毒效果。消毒时，消毒柜门应关紧，蒸汽要开足，蒸汽消毒柜内的温度需上升到 100 ℃作用 10 分钟以上。蒸汽消毒柜外面应安装温度计显示柜内的温度，蒸汽消毒柜密封要好，否则将影响消毒效果。也有的单位不用固定的蒸汽消毒柜，将蒸汽管直接接入进行消毒，其优点是可移动，缺点是密封性较差，易漏气，消毒效果不好。

3. 干热消毒

干热消毒的消毒设施多为远红外线消毒柜，操作简单，多用于中央厨房的一些小食品工用具容器的消毒。干热消毒是将洗净的餐饮具、工用具容器放入远红外线消毒柜内，关好柜门，启动电源开关，待柜内温度上升至 120 ℃，作用 15 ~ 20 分钟即自动停止，然后待消毒物品的温度冷却至 40 ℃以下时，将物品拿出存入保洁柜内待用。此时应注意以下几点：①餐饮具、食品工用具容器必须洗干净，否则残留在物品表面上的残渣等有机物质，遇高温发生碳化，附着在上面不易去掉，影响感官和消毒效果。②需经消毒的餐饮具、食品工用具容器要一次性置入消毒柜内经过整个消毒的程序。在消毒的过程中不能任意开关消毒柜门，随时放入或拿取餐饮具、食品工用具容器。

4. 药物消毒

药物消毒主要适用于一些不能用热消毒的餐饮具、食品工用具容器。目前常用的消毒药物多为二氧化氯消毒剂，二氧化氯消毒剂是目前国际上公认的高效消毒灭菌剂，它可以杀灭一切微生物，包括细菌繁殖体、细菌芽孢、真菌、分枝杆菌和病毒等，并且这些细菌不会产生抗药性。二氧化氯对微生物细胞壁有较强的吸附穿透能力，可有效地氧化细胞内含巯基的酶，还可以快速地抑制微生物蛋白质的合成来破坏微生物。

第三节　地面清洁卫生

一、中央厨房的卫生要求

（1）选择中央厨房地面铺设的材料时要遵守无毒、无异味、不透水、不易积垢四大原则，铺设时要做到地面平整、没有裂缝。

（2）对于日常加工的用具须配有清洗消毒的场所，对于这些潮湿场所须做好排水系统。

（3）地面要有一定的坡度，这样有助于排水沟排水，排水沟的流向必须遵守由高清洁区流向低清洁区。

（4）排水沟的出口必须有金属隔板或网罩，网眼孔的直径必须小于6 mm。

（5）中央厨房内部的墙角、柱脚、侧面及底面的接合处必须有一定弧度。

（6）内部墙壁所采用的材料必须满足浅颜色、无毒、无异味、不透水、平滑、不易积垢六大原则。

（7）门窗的设计必须严密不透风，与外界相通的门、窗户要有可以拆下清洗且不生锈的纱网或者空气幕。

（8）天花板的材料须是浅颜色的，满足无毒、无异味、不吸水、表面光洁、耐腐蚀、耐温六大原则。

二、 地面卫生清洁措施

1. 瓷砖清洁方法

将卫生纸或纸巾贴覆盖在瓷砖上，喷洒清洁剂再放置一会儿，确保清洁剂不会滴得到处都是的同时，让油垢全部浮上来，之后将卫生纸撕掉，再以干净的布蘸清水多擦拭一两次即可，若有去不掉的顽垢，可用棉布取代卫生纸。

2. 水池清洁方法

橱柜的水池既要洗菜还要洗碗，容易沾染洗碗水中的油垢，如果没有专门的水池清洁剂，在有油污的地方撒一点盐，然后用废旧的保鲜膜上下擦拭，擦拭后用温水冲洗几遍，也能让水池光亮如新；水池的四周弯角、下水处和下水处的水盖用温肥皂水浸泡20 ~ 30分钟，即可达到理想的去污效果。

3. 墙角清洁方法

用百洁布将水溶液涂于墙角表面，先清洁厨房内油污较少的墙瓷砖等表面。

4. 特殊材料清洁方法

由于竹片不伤器物表面，油化的物体表面可用竹片刮掉厚油污；玻璃、瓷砖等耐划伤的地方可以用钢丝球擦。

第四节　蚊虫防治

中央厨房的蚊虫是直接影响食品安全的有害物之一，在建设中央厨房时需要采取一定的手段进行处理。

一、消灭蚊虫的方法

（1）安装灭蚊灯。灭蚊灯分为电击式和粘捕式，是利用光线引诱虫蝇，诱使虫蝇靠近灭蚊灯灯管，使虫蝇接触灭蚊灯附近的高压电栅栏或粘蝇纸，将其电死或粘住，达到杀灭虫蝇的目的。

（2）到卫生防疫站购买一些低毒的杀虫剂，用水稀释后，打开地漏进行喷洒，再盖上。

（3）经常喷少许杀虫剂，防止地沟蝇孳生。

（4）清理中央厨房的卫生死角，对于阴暗的房间要保障通风，将湿度控制在50%~60%，防止虫子孳生。

二、灭蚊灯的安装要求

（1）灭蚊灯一般安装高度为1.8~2.1 m。大部分虫子在室内飞行的高度为1.7~2.0 m，又因为人的身高大都为1.6~1.8 m，所以不能低于1.8 m，以免人无意间触及造成安全问题。

（2）使用灭蚊灯时，关闭其他灯光可以提高灭杀效果。

（3）每20 m^2 安装一盏灭蚊灯。

（4）灭蚊灯应避免直接面对门窗等，防止出现吸引外界虫蝇的情况。

（5）在食品处理环境里应避免使用电击式灭蚊灯，避免虫尸受电击被炸飞。

（6）不可在容易发生爆炸的地方使用电击式灭蚊灯。

第五节　细菌防治

细菌滋生的原因及防治办法有以下几种。

（1）食物变质：及时处理中央厨房的菜饭等杂物，根除微生物繁殖的根源。

（2）厨具霉变：及时清理厨房的漏水或积水，防止细菌蔓延到储物、墙体或者厨具上，导致发霉，产生异味。

（3）排风问题：做好天花板烟罩的排风，避免油烟返呛，保持中央厨房内部的空气清新。

（4）下水道反味：保证洗手池或洗菜池等的下水管道畅通，用S形防水弯防止污水返出，同时及时清理防水弯里的食物残渣，避免滋生细菌，产生异味。

（5）管道阻塞：用沸水和小苏打混合着清洗管道，可以消除油脂和残渣，防止异味。

第六节　鼠及蟑螂等防治

一、防治老鼠的办法

1. 堵

经常清除杂物，搞好室内外卫生，在仓库等地加放防鼠板，下水道处放防鼠网；把室内外鼠洞堵死、墙根压实，使老鼠无藏身之地，易被发现便于捕杀。

2．查

查鼠洞，摸清老鼠常走的鼠道和活动场所，为下毒饵、放捕鼠器提供线索。

3．饿

保管好食物，断绝鼠粮，清除垃圾和粪便，迫使老鼠食诱饵。

4．捕

用特制捕鼠用具如鼠笼、鼠夹、电猫、粘鼠胶等诱捕。

5．毒

用敌鼠钠盐与稻谷、面粉等食物合成毒饵，放在老鼠出没的地方，毒杀老鼠效果较好。老鼠食敌鼠钠毒饵后 4~6 天死亡，食磷化锌毒饵后 24 小时内死亡，食毒鼠磷毒饵后 10 小时后死亡。

二、 防治蟑螂的办法

1．毒

对高发区域喷洒灭蟑药剂，快速降低此区域的蟑螂密度。

2．防

清理卫生，特别是角落卫生，治理中央厨房的易发生蟑螂环境，铲除它们的孳生地，辅之以物理的、化学的、机械的手段消灭蟑螂卵。

第九章
整体参观设计

第一节　设计标准

为了展示中央厨房的生产效率，提高人们对中央厨房卫生和食品质量的信任度，中央厨房设有参观走廊。参观走廊应遵循国家及行业有关标准规范规程：

（1）《工程测量规范》（GB 50026—2007）。

（2）《钢结构设计规范》（GB 50017—2017）。

（3）《建筑钢结构焊接规程》（JGJ 81—91）。

（4）《建筑工程施工质量验收统一标准》（GB 50300—2013）。

（5）《钢结构高强度螺栓连接的设计、施工及验收规程》（JGJ 82—91）。

（6）《钢结构工程施工质量验收规范》（GB 50205—2001）。

具体要求包括：

（1）尽量避免狭长感和沉闷感，在走道上挂中央厨房餐饮设备和成品，墙壁保持清洁光洁。

（2）营造宽敞的空间，设计一定要注意有足够的空间，不能因为担心占用面积或觉得浪费而人为缩小。

（3）丰富且巧用光源，建筑原材料要求符合食品安全，无有害气体排放。

第二节　路线布局

一、观察宣传片

参观人员到达后，首先到休息室观看 3D 动画视频，全面介绍中央厨房所在位置、整体布局、特色与创新，然后介绍中央厨房仓库储存→初加工→熟化→冷却→分装→包装→食品检测→冷库储存的整个生产工艺流程，最后介绍中央厨房运营系统、信息保障系统等系统集成情况，说明智能无人中央厨房的特色与创新。

二、实地参观

中央厨房的参观路线按工作流程布局，所有参观人员与员工通道分开，参观路线为：初加工区域→熟化区域→冷却区域→分装区域→包装区域→食品检测区域→冷库储存区域。

第三节 接待室功能布局

（1）接待室应靠近楼梯或电梯，位于原料来料区域的顶部，是接待客户、参观者、检查者和新闻记者的场所。

（2）设有一个沙盘，从立体化的角度展示中央厨房的功能、布局、特色及加工工艺流程，使参观者有感观上的认识。

（3）制作一个小视频，匹配音响、灯光等效果，展示中央厨房仓库储存→初加工→熟化→冷却→分装→包装→食品检测→冷库储存的整个生产工艺流程。

（4）设立会议桌和座椅等，让参观者有一个讨论的空间。

（5）接待室四周墙面有中央厨房的工艺流程图、成品展示图、外观鸟瞰图、关键先进设备图和工艺操作规范等。

（6）设有空调、茶具柜、饮水机和电视机等，方便参观者使用。

第四节 走廊布局

（1）接待室与参观走廊处于同一层，从接待室出来后，便可进行参观。由于中央厨房的关键生产过程在密闭的高净空间完成，不能与员工通道共用，一般设在员工通道的二层。

（2）员工通道高度一般设为 2.5 m，参观通道的高度也设为 2.5 m。中央厨房的主体生产车间的墙高一般为 4 m。

（3）为了获得较好的参观效果，中央厨房的参观走廊与生产车间之间的一面墙，2.5 m 以下的墙与其他普通墙无区别，2.5 m 以上的墙设置为可观察内部情况的玻璃墙，玻璃采用隔热、隔音处理。

（4）由于参观人员不接触内部员工和内部车间，所以参观人员不用进行消毒。

（5）明亮的光线可以让空间显得宽敞，也可以缓解狭长过道使人产生的紧张感，过道常用多个筒灯、射灯和壁灯营造环境。

（6）过道上方一般有梁，所以要吊顶处理，吊顶宜简洁流畅，图案以能体现韵律和节奏的线性图案为主，横向为佳。吊顶要和灯光的设计协调。顶面尽量用清浅的颜色，不要造成凌乱和压抑之感。

（7）地面最好用耐磨易清洁的材料，地砖的花纹或者木地板的花纹最好横向排布。地面的颜色可比顶面稍深，也可以区别于相邻空间，但是也不宜太深。

（8）一般不要做过多装饰和造型，避免占用空间，适当增加一些具有导向性的装饰品即可。

第十章
中央厨房工程实施

第一节　工程施工

中央厨房的施工分为四个阶段（如图 10 - 1 所示）：总体设计、基础建设、设备及系统集成、生产。其中总体设计包括前期规划、图纸设计、设计审核和消防用电审核；基础建设包括基建施工、天地壁装修和水电气安装；设备及系统集成包括设备安装调试和系统安装调试；生产包括中央厨房试运行、运行和售后。

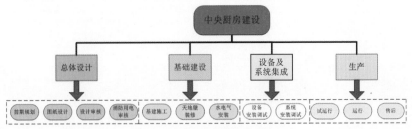

图 10 - 1　中央厨房施工阶段

一、总体设计

总体设计分为前期规划、图纸设计、设计审核、消防用电审核四个步骤。

1.前期规划

前期规划分为：商业计划、厂房选址。

（1）商业计划包括：①明确的生产目标和预期，内容涉及中央厨房的生产内容、规模、时间节点、产能和服务；②了解投资与回报，内容涉及中央厨房的投资预算，建成后的产值及利润，给国家、区域带来税收的经济效益，解决就业情况，以及相关社会效益等。

（2）厂房选址的要求包括：①厂房用地的性质，如工业用地、物流用地等；②尽量选择有产业基础的用地；③区位与交通需要发达通畅，基础配套（水、电、气）齐全；④由于中央厨房很多都需要蒸汽，尽量有锅炉、集中排污等配套；⑤产业配套较为齐全，特别是农产品的原料来源较为便利；⑥当地用工情况和人力成本情况，以及当地的政策优势等。

规范程序是先完成土地招标，办好建设许可证、土地许可证，合法合规开工。除了土地手续以外还有相关的一些手续，从公司注册开始，基本上每个园区都要求在本地注册一家公司，确保税收在当地。之后是立项备案、建设项目的环评和审批、工程建设。

2.图纸设计

中央厨房的图纸设计包括建筑专业设计、暖通专业设计、信息专业设计和设备布置设计等。其中建筑专业设计包括地基设计、框架设计、预埋设计、墙面设计和地面基础设计等；暖通专业设计包括冷库、空调等安装布局设计；信息专业设计包括中央控制平台的监控系统、消防系统和在线检测系统等的设计。

3. 设计审核

图纸设计完成后，应召开各专业的研讨会，对中央厨房所有的图纸进行审核，审核人员包括设计人员、施工人员和装修人员，并利用专业3D仿真软件进行仿真分析，尽量找出不足，将错误和问题在第一时间内解决。

4. 消防用电审核

将设计意图报消防及供电等部门进行审核，待审核通过后方可施工。

二、基础建设

（1）根据设计图纸，首先进行地基建设，包括地基框架深度、跨度等，然后对厂房进行设计和施工，直到满足设计图纸的安全要求，在施工过程中应根据需要预埋排水管道、地漏等。

（2）根据设计图纸要求，对天花板、地坪和墙面等进行装修，装修要求应符合本书第三章所述的要求。

（3）根据设计图纸要求，对水、电、气进行安装，要求达到消防、供电等部门的要求。

三、设备及系统集成

（1）根据设备布置图，安装各种设备和系统，水、电、气、汽等接口要安装良好。

（2）设备安装完成后需要单机试运行及调试。

（3）安装机械手和机器人等关键运输、操作的设备，使工作有序且可控。

（4）安装每个监控、消防管道、暖通设备湿度设备和消毒设备等。

（5）安装并调试中央控制平台，对系统进行测试，确保能调取各类数据，并能进行中央控制调控。

（6）完成所有设备及辅助工具的采购、运输、安装和调试，确保每个岗位人、机、法、物、环都到位，达到合格的标准。

四、生产

（1）采购原材料，并进行入仓。

（2）设定生产任务订单，开启所有设备，根据需要进行试运行。

（3）开启所有中央控制平台，实现监控、信息跟踪。

（4）对原料、成品进行食品安全检测，使食品检测室能正常运行。

（5）观察冷库、消防、监控和操作流程等是否正常且合理，如有问题及时修改。

（6）试运行合格后，申请验收，验收内容包括基建、环境、设备运行情况、湿度、温度、中央控制平台、产能、食品检测和消毒等内容，确保正式运行时安全有效。

（7）验收合格后，正式生产，生产过程中须指导员工操作，保持产品的质量稳定性，维护好设备的损耗与更新，如有需要可有一定的扩展空间。

第二节　工程施工安全

一、安全施工组织

（1）电工、电焊工等施工人员必须持有效合格的上岗证。

（2）建立健全安全生产保证体系，健全各级安全组织，项目经理部建立安全领导小组，项目部及作业队配备专职安全员，工班设安监员，形成安全管理网络。

（3）加强安全教育，提高全员安全意识，建立安全教育制度。

二、施工防火措施

（1）加强工地防火工作，合理布置灭火器材，并派人定期检查，保持有效。

（2）施工现场建立用火证制度，电工、焊工等动火前，需要领取动火证才能动火；动火前要清除附近易燃物，当焊接角钢或花纹板的时候，下边应有人看管，防止引起火灾。

（3）施工员在安排生产时要坚持防火安全交底制度，特别是电气焊、油漆和防水等易燃危险作业，要有具体防火要求。

（4）施工现场防火制度要健全，防火措施要落实，要建立义务消防队伍，消防器材按规定配备齐全。

三、 临时用电安全措施

1．临时用电技术措施

（1）系统保护方式。工程采用 TN－S 保护接零系统，并在保护零线上做补充重复接地，且阻值不大于 10 Ω。

（2）电线敷设。根据施工区段划分，选择离配电室最近处接分配电箱，尽量避免穿越交叉和弱电电缆，须满足电缆之间，电缆与管道、道路、建筑物之间平行交叉时最小安全距离。

（3）配电箱和开关箱。配电箱和开关箱须选用安监站检测通过的定型产品。现场所有施工机械按三级保护配备开关箱，保证做到一机一闸一漏保。闸具、熔断器、漏电保护装置与设备容量相匹配。总配电箱、分配电箱加设围栏防雨装置，移动式电箱距地面高度不小于 60 cm，固定式电箱距地面高度 130～150 cm。

2．安全用电措施

（1）施工现场设总配电箱，大型设备用电处设分配电箱，所有电源闸箱应有门、锁、防雨盖板和危险标识。

（2）按照临时用电方案架设电线，配备专门维修电工，负责工地上所有电器、机械设备电闸箱的管理，安装合格的漏电保护装置。

（3）配电线路必须使用五芯电缆，照明应设专用回路，与施工机具分开，在潮湿地段作业使用 36 V 以下安全电压。

（4）用电线路架设符合规程规定。现场施工用电所铺设的地下电缆须有明显标识，注意保护，避免损坏。每台机械都要有专用开关箱，开关箱中装设触电保护器。用电设备按规定接地（零），熔丝搭配合理。

（5）配电间、配电室门外开，高度满足配电箱能出入，建筑面积满足配电箱安装、维修与操作所需安全距离。

（6）建立临时用电安全技术措施编审制度和相应技术档案。

（7）建立技术交底制度。

（8）建立安全检测制度，从临时用电工程施工开始定期对电阻、设备绝缘电阻和漏电保护器试路进行检测，以监视临时用电工程是否安全可靠，并做记录。

（9）建立电气维修制度，加强日常和定期维修工作。及时发现和消除隐患，并做好维修工作记录，记载维修地点、时间、设备、内容、采取技术措施、维修人员及处理结果等。

（10）做好电气防火工作，建立电气防火责任制，加强电气防火重点场所烟火管制，并设禁止标识。建立易燃易爆和强腐介质管理制度。建立电气防火教育制度，经常进行电气防火知识教育宣传，提高整体素质。

（11）建立电气防火检查制度，发现问题及时处理。强化电气防火领导体制，建立电气防火队伍，合理配制多路保护器，对线路的过载、短路故障实行有效保护。电气装置线路周围严禁堆放易燃易爆及强腐蚀物品。在电气装置相对集中如配电箱等场所配置绝缘灭火器。加强电气设备及线路绝缘监视检查，防止相与相之间和相对地短路。合理设置防雷装置。

第三节　培训服务体系

一、培训服务

培训的主要目的是让使用者能快速地熟悉设备和系统的操作，达到高效运营的目的。具体培训内容及时间如表 10 - 1 所示。

表 10 - 1　中央厨房培训内容及时间

序号	培训内容	时间/天
1	用幻灯片讲解整个厨房布局及操作流程，了解消防通道及安全意识，针对厨房区域卫生防疫要求做详细说明，避免交叉感染事件发生，并对操作人员说明注意事项	1
2	现场介绍厨房的设备名称、功能、注意事项和设备的简单使用，让操作人员形成感性认识	1
3	利用系统的讲解说明书，介绍常用维修知识及使用过程可能出现的问题及解决方法，使用技巧，让操作人员对厨房设备形成整体、全面的了解	2
4	现场重点详细讲解和剖析如灶类、食品机械类等较复杂设备的使用及操作，实施指导和纠正实习试用中出现的问题	3
5	培训人员实际操作，帮助并指导解决操作中碰到的问题	2

二、 设备和系统维保服务

（1）提供全套"产品使用说明书及使用操作保养手册"，介绍如何正确操作设备和系统。

（2）设备正式交付使用日期起7天内，技术全面人员进行保养及设备调试，保证设备正常运转。

（3）制订年度计划、月度计划、周计划、日计划，以及设备和系统维护方案，以便有计划、有目的地进行检修与保养，每2~3个月一次定期巡回检查，携带维修人员会同客户共同为设备进行保养，并提交设备运行情况报告、征询意见以不断改进工作。

（4）每年2次对设备进行全面维护和保养。

（5）定期举办产品知识、使用和维修的短期培训班，为客户提供免费学习的机会。

三、 管理体系建立服务

信息管理体系需要建立以下系统：

（1）建立和制定从投料至盒饭成品的食品安全管理保证体系（HACPP系统）。

（2）建立和推行QS食品安全管理体系、ISO 9000质量管理体系、ISO 14000环境管理体系、ISO 22000食品安全管理体系，并取得国家或相关省市的证书，实现食品安全全过程管控。

（3）建立一套可溯源、安全的信息系统，达到国家现行认证的辅导能力。

（4）实现从客户手中的盒饭上标注的信息，可以追查到具体的配送者、包装者、配餐班组、熟化加工组、切配加工组、清洗者、原料检验者的生产信息等资料；协助招标方制定相关的手册、程序文件、作业标准、相关记录表单，并保证系统的有序运行。

（5）在生产工艺和设备配置达到符合国家及相关省市关于冷链中央厨房相关规范的基础上，提供一套指导和协助办理盒饭 4～7 天保质期标志使用许可的申请及相关手续的方案。

（6）建立中央厨房生产各区域空气检测、卫生防疫"消、杀、灭"方案，并提出有效的管理方案和措施，以达到空气质量、卫生防疫的相关标准。

（7）建立中餐模式的菜谱不少于 500 道，在试生产 6 个月内提供一套指导招标方持续研发菜品及调料的实现方案和在试生产期满后不间断向招标方提供中餐研发成果及菜谱配方、制作程序、生产组织、人员培训等方面的有效保障途径。

第四节 实施效果

一、全国中央厨房实施情况

中央厨房自发展以来，在我国有了较大的发展，其可归类为餐店自供型中央厨房、门店直供型中央厨房、商超销售型中央厨房、团餐服务型中央厨房、旅行专供型中央厨房、在线平台型中央厨房、代工生产型中央厨房、特色产品型中央厨房、配料加工型中央厨房，如表 10-2 所示。

表 10 – 2　全国中央厨房实施情况

类型	中央厨房名称
一、餐店自供型中央厨房	案例 1.1　北京嘉和一品企业管理有限公司
	案例 1.2　广州真功夫餐饮管理有限公司
	案例 1.3　合肥王仁和米线食品集团公司
	案例 1.4　沈阳梵吉盘古餐饮管理有限公司
	案例 1.5　内蒙古鲜洋城餐饮管理有限责任公司
	案例 1.6　内蒙古日盛鸿丰餐饮管理有限公司
	案例 1.7　扬州九鼎香餐饮管理有限公司
二、门店直供型中央厨房	案例 2.1　上海清美绿色食品有限公司
	案例 2.2　东莞波仔食品有限公司
	案例 2.3　唐山市施尔得肉制品有限公司
	案例 2.4　安徽青松食品有限公司
	案例 2.5　山东富士康制粉有限公司
	案例 2.6　山东正德康城企业管理有限公司
	案例 2.7　山西六味斋实业有限公司
	案例 2.8　太原双合成食品有限公司
	案例 2.9　北京旗舰食品集团有限公司
三、商超销售型中央厨房	案例 3.1　河北美食林商贸集团有限公司
	案例 3.2　北京市海乐达食品有限公司
	案例 3.3　山东迪雀食品有限公司
	案例 3.4　宁夏曼苏尔清真食品有限公司
	案例 3.5　北京薯乐康农业科技有限公司
	案例 3.6　陕西心特软食品有限责任公司
	案例 3.7　天津市富贵食品有限公司

续上表

类型	中央厨房名称
四、团餐服务型中央厨房	案例4.1 天津月坛学生营养餐配送有限公司
	案例4.2 湖北华鼎团膳管理股份有限公司
	案例4.3 江苏百斯特农业投资有限公司
	案例4.4 徐州禾美智能中央厨房管理有限公司
	案例4.5 安徽谭府饮食管理有限公司
	案例4.6 浙江嘉兴市大桥供销社
五、旅行专供型中央厨房	案例5.1 上海鑫博海农副产品加工有限公司
	案例5.2 上海新成食品有限公司
	案例5.3 南京味洲航空食品股份有限公司
六、在线平台型中央厨房	案例6.1 江苏永鸿投资股份有限公司
	案例6.2 北京海尔云厨+聚农天润
	案例6.3 深圳中央大厨房物流配送有限公司
	案例6.4 江苏南通菜菜电子商务有限公司
	案例6.5 无锡壹家美食荟电子商务有限公司
	案例6.6 山西伟涛食品科技股份有限公司
七、代工生产型中央厨房	案例7.1 广州蒸烩煮食品有限公司
	案例7.2 河北固安兴芦绿色蔬菜种植有限公司
	案例7.3 吉林省陆路雪食品有限公司
	案例7.4 齐齐哈尔小熊食品有限公司
	案例7.5 河北纽康恩食品有限公司

续上表

类型	中央厨房名称
八、特色产品型中央厨房	案例 8.1　扬州冶春食品生产配送股份有限公司
	案例 8.2　浙江五芳斋实业股份有限公司
	案例 8.3　四川得益绿色食品集团有限公司
	案例 8.4　广西螺霸王食品有限公司
	案例 8.5　成都棒棒基食品有限公司
	案例 8.6　江西乐平三花生态农业开发有限公司
九、配料加工型中央厨房	案例 9.1　北京天安农业发展有限公司
	案例 9.2　江苏景瑞农业集团有限公司
	案例 9.3　山西田森农副产品加工配送有限公司
	案例 9.4　陕西韩城市金太阳花椒油脂药料公司

二、内部建设方案案例

1. 正大中央厨房

正大中央厨房项目选址义亭镇，总投资 24 亿元，总用地面积 2 000 亩，新建特色盒饭和肉制品深加工厂区，拥有年产特色盒饭 1.5 亿份、肉制品 9 万吨生产能力（如图 10-2 所示）。

2. 武汉铁路局中央厨房

武汉铁路局餐饮基地位于武汉市青山区，总建筑面积 9 612.8m²，建成投产后餐饮生产能力近期 20 000 份/日，远期 40 000 份/日（如图 10-3 所示）。

图 10 - 2　正大中央厨房

图 10 - 3　武汉铁路局中央厨房

参 考 文 献

［1］HARPER J M. Extrusion texturization of food ［J］. Food Technology, 1986 (40): 70 – 76.

［2］BHATNAGAR S, HANNA M A. Modification of microstructure of starch extruded with selected lipids ［J］. Starch, 1997, 49 (1): 12 – 20.

［3］王正刚, 周望岩. 大米保鲜技术研究进展. 粮食与食品工业, 2005 (3): 1 – 3.

［4］李鹏霞, 张兴. 生物源保鲜剂研究评述 ［J］. 西北林学院学报, 2006, 21 (3): 120 – 123.

［5］曹晶, 赵建伟, 田耀旗, 等. 挤压工艺对保鲜方便米饭品质的影响 ［J］. 食品与生物技术学报, 2014, 33 (4): 381 – 386.

［6］罗小虎, 包清彬, 许琳, 等. 大米生物保鲜研究 ［J］. 食品科技, 2008 (6): 221 – 223.

［7］毕士峰, 张毅. 一种新的食品添加剂——植酸酶 ［J］. 食品科学, 2002, 21 (8): 9 – 10.

［8］张建军, 王海霞, 马永昌, 等. 辣椒热风干燥特性的研究农业工程学报 ［J］. 农业工程学报, 2008, 24 (3): 298 – 301.

［9］李珂, 王蒙蒙, 沈晓萍, 等. 熟化甘薯热风干燥工艺参数优化及数学模型研究 ［J］. 食品科学, 2008, 29 (8): 363 – 368.

［10］诸爱士，成忠. 西芹热风干燥动力学研究［J］. 农机化研究，2007（3）：139 – 142.

［11］杨玎玲，沈群. 干燥方式对大米回生情况的影响［J］. 食品工业科技，2016，37（22）：121 – 125.

［12］李娟，魏春红，胡亚光，等. 大米可食性膜制备工艺条件的优化［J］. 黑龙江八一农垦大学学报，2015（2）：62 – 64.

［13］李可，刘旺开，王浚. 专家 – 模糊 PID 在低速风洞风速控制系统中的应用［J］. 北京航空航天大学学报，2007，33（12）：1387 – 1390.

［14］李木国，褚晓安，刘于之，等. 开放式风速控制系统的研制［J］. 计算机测量与控制，2015，23（9）：3026 – 3028.

［15］李国文，赵永建. 基于 LabView 的低速风洞风速量化 PID 控制系统设计［J］. 自动化仪表，2006，27（8）：21 – 23.

［16］刘子娟，董挺挺，付庄，等. 基于 PMAC 运动控制卡的风洞风速控制系统［J］. 机电一体化，2013，19（3）：50 – 54.

［17］兰兴欣，杨秀峰，王文亮，等. 基于 SolidWorks 的自动售饭机研制［J］. 机械工程师，2013（10）：92 – 93.

［18］MUETH D M，JAEGER H M，NAGEL S R. Force distribution in a granular medium［J］. Physical Review E，1998，57（3）：3164 – 3169.

［19］常军然，唐宏，冯新刚. 全自动米饭计量售饭机创新设计与实现［J］. 工程设计学报，2012，19（3）：231 – 235.

［20］王永华. 现代电气控制及 PLC 应用技术［M］. 北京：北京航空航天大学出版社，2008.

［21］乔东凯. 基于 PLC 对热电厂给煤机控制系统的改造设计［J］. 机械设计与制造，2009（6）：123 – 125.

［22］张世昂，朱立学，陈杰焕，等. 自动米饭售饭机的设计研究［J］. 机电产品开发与创新，2014，27（4）：51 – 53.

［23］李绍济. 浅谈减压冷却保鲜技术的应用前景［C］. 2005年山东省制冷空调学术年会论文集，2005：220－221.

［24］伍培，郑洁，张卫华，等. 果蔬减压冷却过程中的传热与传质分析［J］，制冷与空调，2009，23（2）：10－16.

［25］娄耀郏，赵红霞，韩吉田，等. 真空冷却技术在食品工业中的应用现状［C］. 第八届全国食品冷藏链大会论文集，2012：140－144.

［26］赵素芬. 气调包装（MAP）在冷却肉保鲜中的应用［J］. 包装与食品机械，2007，25（5）：8，53－55.

［27］MCDONALD K，SUN D W. Vacuum cooling technology for the food processing industry：a review［J］. Journal of Food Engineering，2000（45）：55－65.

［28］王雪芹，陈儿同，王芳，等. 一种新型真空冷却测试装置及实验分析［J］. 包装与食品机械，2004，22（3）：22－24.

［29］DONG X G，CHEN H，LIU Y，et al. Feasibility assessment of vacuum cooling followed by immersion vacuum cooling on water-cooked pork［J］. Meat Science，2012（90）：199－203.

［30］陈敢烽，李保国，王莹莹. 米饭真空快速冷却工艺的初步实验研究［J］. 食品研究与开发，2014（8）：55－58.

［31］洪乔荻，邹同华，郭雪，等. 不同冷却方法对馒头贮藏过程品质的影响［J］. 食品与机械，2014（1）：176－178.

［32］彭登峰，柴春祥，张坤生，等. 冷却方式对山西小吃荞面碗托品质的影响［J］. 食品与机械，2014（2）：60－64.

［33］关婷婷，徐明生，涂勇刚. 冷却猪肉复合抑菌剂的配比优化及保鲜效果研究［J］. 食品与机械，2012（2）：158－160.

［34］陈廷强. 食品冷却速率的数值法预测［J］. 制冷学报，1986（4）：52－55.

附件
中央厨房许可审查规范

第一条 为规范中央厨房许可，根据《中央机构编制委员会办公室关于明确中央厨房和甜品站食品安全监管职责有关问题的通知》（中央编办发〔2011〕3号），以及《餐饮服务许可管理办法》《餐饮服务许可审查规范》要求，制定本规范。

第二条 中央厨房，指由餐饮连锁企业建立的，具有独立场所及设施设备，集中完成食品成品或半成品加工制作，并直接配送给餐饮服务单位的单位。

第三条 中央厨房纳入餐饮服务许可管理的范围，作为第六类餐饮服务许可类别审查。开设中央厨房应当取得《餐饮服务许可证》，其许可程序和申请材料按照《餐饮服务许可管理办法》有关规定执行。

第四条 中央厨房餐饮服务许可申请的受理和审批机关由中央厨房所在地省、自治区、直辖市食品药品监督管理部门规定。

第五条 由餐饮连锁企业向食品药品监督管理部门提出中央厨房餐饮服务许可申请。申请许可的中央厨房应当具备《餐饮服务许可管理办法》第九条规定的基本条件。

第六条　中央厨房应当设置专职食品安全管理人员。申请人申请餐饮服务许可时，应提交餐饮服务单位食品安全管理人员培训合格证明。

第七条　申请人提交的保证食品安全的规章制度应当包括：

（一）从业人员健康管理制度和培训管理制度；

（二）专职食品安全管理人员岗位职责规定；

（三）食品供应商遴选制度；

（四）加工制作场所环境及设施设备卫生管理制度；

（五）关键环节操作规程，包括采购、贮存、烹调温度控制、专间操作、包装、留样、运输、清洗消毒等；

（六）食品、食品添加剂、食品相关产品采购索证索票，进货查验和台账记录制度；

（七）食品添加剂使用管理制度；

（八）食品检验制度；

（九）问题食品召回和处理方案；

（十）食品安全突发事件应急处置方案；

（十一）食品药品监督管理部门规定的其他制度。

第八条　中央厨房向餐饮服务单位配送的食品品种应当报受理餐饮服务许可申请的食品药品监督管理部门审核备案。禁止配送的高风险食品目录由各省、自治区、直辖市食品药品监督管理部门确定。

第九条　选址要求

选择地势干燥、有给排水条件和电力供应的地区，不得设在易受到污染的区域。距离粪坑、污水池、暴露垃圾场（站）、旱厕等污染源25米以上，并设置在粉尘、有害气体、放射性物质和其他扩散性污染源的影响范围之外。

第十条　场所设置、布局、分隔、面积要求

（一）设置具有与供应品种、数量相适应的粗加工、切配、烹调、面点制作、食品冷却、食品包装、待配送食品贮存、工用具清洗消毒等加工操作场所，以及食品库房、更衣室、清洁工具存放场所等。

（二）食品处理区分为一般操作区、准清洁区、清洁区，各食品处理区均应设置在室内，且独立分隔。

（三）配制凉菜以及待配送食品贮存的，应分别设置食品加工专间；食品冷却、包装应设置食品加工专间或专用设施。

（四）各加工操作场所按照原料进入、原料处理、半成品加工、食品分装及待配送食品贮存的顺序合理布局，并能防止食品在存放、操作中产生交叉污染。

（五）接触原料、半成品、成品的工具、用具和容器，有明显的区分标识，且分区域存放；接触动物性和植物性食品的工具、用具和容器也有明显的区分标识，且分区域存放。

（六）食品加工操作和贮存场所面积原则上不小于 300 平方米，应当与加工食品的品种和数量相适应。

（七）切配烹饪场所面积不小于食品处理区面积的 15%；清洗消毒区面积不小于食品处理区面积的 10%。

（八）凉菜专间面积不小于 10 平方米。

（九）厂区道路采用混凝土、沥青等便于清洗的硬质材料铺设，有良好的排水系统。

（十）加工制作场所内无圈养、宰杀活的禽畜类动物的区域（或距离 25 米以上）。

第十一条　食品处理区地面、排水、墙壁、门窗和天花板要求

（一）地面用无毒、无异味、不透水、不易积垢的材料铺设，且平整、无裂缝。

（二）粗加工、切配、加工用具清洗消毒和烹调等需经常冲洗场所、易潮湿场所的地面易于清洗、防滑，并有排水系统。

（三）地面和排水沟有排水坡度（不小于1.5%），排水的流向由高清洁操作区流向低清洁操作区。

（四）排水沟出口有网眼孔径小于6毫米的金属隔栅或网罩。

（五）墙角、柱脚、侧面、底面的结合处有一定的弧度。

（六）墙壁采用无毒、无异味、不透水、平滑、不易积垢的浅色材料。

（七）粗加工、切配、烹调和工用具清洗消毒等场所应有1.5米以上的光滑、不吸水、浅色、耐用和易清洗的材料制成的墙裙，食品加工专间内应铺设到顶。

（八）内窗台下斜45°以上或采用无窗台结构。

（九）门、窗装配严密，与外界直接相通的门和可开启的窗设有易于拆下清洗不生锈的纱网或空气幕，与外界直接相通的门和各类专间的门能自动关闭。

（十）粗加工、切配、烹调、工用具清洗消毒等场所、食品包装间的门采用易清洗、不吸水的坚固材料制作。

（十一）天花板用无毒、无异味、不吸水、表面光洁、耐腐蚀、耐温、浅色材料涂覆或装修。

（十二）半成品、即食食品暴露场所屋顶若为不平整的结构或有管道通过，加设平整易于清洁的吊顶（吊顶间缝隙应严密封闭）。

（十三）水蒸气较多的场所的天花板有适当的坡度（斜坡或拱形均可）。

第十二条　洗手消毒设施要求

（一）食品处理区内设置足够数量的洗手设施，其位置设置在方便员工的区域。

（二）洗手池的材质为不透水材料，结构不易积垢并易于清洗。

（三）洗手消毒设施旁设有相应的清洗、消毒用品和干手设施，员工专用洗手消毒设施附近有洗手消毒方法标识。

第十三条 工用具、设施设备清洗消毒保洁设施要求

（一）根据加工食品的品种，配备能正常运转的清洗、消毒、保洁设备设施。

（二）采用有效的物理消毒或化学消毒方法。

（三）各类清洗消毒方式设专用水池的最低数量：采用化学消毒的，至少设有 3 个专用水池或容器。采用热力消毒的，可设置 2 个专用水池或容器。各类水池或容器以明显标识标明其用途。

（四）接触直接入口食品的工具、容器清洗消毒水池专用，与食品原料、清洁用具及接触非直接入口食品的工具、容器清洗水池分开。

（五）工用具清洗消毒水池使用不锈钢或陶瓷等不透水材料、不易积垢并易于清洗。

（六）设专供存放消毒后工用具的保洁设施，标记明显，易于清洁。

（七）清洗、消毒、保洁设备设施的大小和数量能满足需要。

第十四条 食品原料、清洁工具清洗水池要求

（一）粗加工操作场所分别设动物性食品、植物性食品、水产品 3 类食品原料的清洗水池，水池数量或容量与加工食品的数量相适应。各类水池以明显标识标明其用途。

（二）加工场所内设专用于拖把等清洁工具、用具的清洗水池，其位置不会污染食品及其加工操作过程。

第十五条 加工食品设备、工具和容器要求

（一）食品烹调后以冷冻（藏）方式保存的，应根据加工食品的品种和数量，配备相应数量的食品快速冷却设备。

（二）应根据待配送食品的品种、数量、配送方式，配备相应

的食品包装设备。

（三）接触食品的设备、工具、容器、包装材料等符合食品安全标准或要求。

（四）接触食品的设备、工具和容器易于清洗消毒。

（五）所有食品设备、工具和容器不使用木质材料，因工艺要求必须使用除外。

（六）食品容器、工具和设备与食品的接触面平滑、无凹陷或裂缝（因工艺要求除外）。

第十六条　通风排烟、采光照明设施要求

（一）食品烹调场所采用机械排风。产生油烟或大量蒸汽的设备上部，加设附有机械排风及油烟过滤的排气装置，过滤器便于清洗和更换。

（二）排气口装有网眼孔径小于 6 毫米的金属隔栅或网罩。

（三）加工经营场所光源不改变所观察食品的天然颜色。

（四）安装在食品暴露正上方的照明设施使用防护罩。冷冻（藏）库房使用防爆灯。

第十七条　废弃物暂存设施要求

（一）食品处理区设存放废弃物或垃圾的容器。废弃物容器与加工用容器有明显区分的标识。

（二）废弃物容器配有盖子，以坚固及不透水的材料制造，内壁光滑便于清洗。专间内的废弃物容器盖子为非手动开启式。

第十八条　库房和食品贮存场所要求

（一）食品和非食品（不会导致食品污染的食品容器、包装材料、工用具等物品除外）库房分开设置。

（二）冷藏、冷冻柜（库）数量和结构能使原料、半成品和成品分开存放，有明显区分标识。

（三）除冷库外的库房有良好的通风、防潮、防鼠（如设防鼠板或木质门下方以金属包覆）设施。

（四）冷藏、冷冻库设可正确指示库内温度的温度计。

（五）库房及冷藏、冷冻库内应设置数量足够的物品存放架，能使贮存的食品离地离墙存放。

第十九条 专间要求

（一）专间内无明沟，地漏带水封，专间墙裙铺设到顶。

（二）专间只设一扇门，采用易清洗、不吸水的坚固材质，能够自动关闭。窗户封闭。

（三）需要直接接触成品的用水，应加装水净化设施。

（四）专间内设符合餐饮服务食品安全管理规范要求的空调设施、空气消毒设施、流动水源、工具清洗消毒设施；凉菜间、食品冷却间、食品包装间设专用冷冻（藏）设施。

（五）专间入口处设置有洗手、消毒、更衣设施的通过式预进间。洗手消毒设施除符合本规范第十三条的规定外，应当为非手触动式。

第二十条 更衣室要求

更衣场所应与加工经营场所处于同一建筑物内，有足够大小的空间、足够数量的更衣设施和适当的照明。

第二十一条 厕所设置要求

（一）厕所不设在食品处理区。

（二）厕所采用水冲式。

（三）厕所地面、墙壁、便槽等采用不透水、易清洗、不易积垢的材料，设有效排气装置，有适当照明，与外界相通的窗户设置纱窗，或为封闭式，外门能自动关闭，在出口附近设置洗手设施。

（四）厕所排污管道与食品加工操作场所的排水管道分设，并有可靠的防臭气水封。

第二十二条　运输设备要求

配备与加工食品品种、数量以及贮存要求相适应的封闭式专用运输冷藏车辆，车辆内部结构平整，易清洗。

第二十三条　食品检验和留样设施设备及人员要求

（一）设置与加工制作的食品品种相适应的检验室。

（二）配备与检验项目相适应的检验设施和检验人员。

（三）配备留样专用容器和冷藏设施，以及留样管理人员。

第二十四条　省级食品药品监督管理部门可根据本规范制定具体实施细则，报国家食品药品监督管理局备案。

第二十五条　本规范由国家食品药品监督管理局负责解释。

第二十六条　本规范自 2011 年 7 月 1 日起实施。